设备（资产）运维
精益管理系统（PMS2.0）

数据管理与应用

张孝军 编

中国电力出版社
CHINA ELECTRIC POWER PRESS

内 容 提 要

　　PMS2.0 系统作为运检信息化管控的重要技术手段，在各项工作中发挥着越来越重要的作用，其数据质量和应用深度受到各级管理和技术人员的广泛关注。本书为建设和应用 PMS2.0 系统的经验总结，对如何通过 PMS2.0 系统规范管理电网资源数据，以及 PMS2.0 系统应用过程中常见的权限类、图形类、图形质检、台账类、业务应用类以及跨系统接口类问题进行了解答。

　　本书以电网公司所属省、市、县公司人员，从事数据管理、应用和软件开发相关人员，从事电力行业数据管理人员以及从事大数据应用研究人员为读者对象，希望不同读者从各自视角都能有所收获。

图书在版编目（CIP）数据

　　设备（资产）运维精益管理系统（PMS2.0）数据管理与应用/张孝军编. —北京：中国电力出版社，2020.5
　　ISBN 978-7-5198-4492-9

　　Ⅰ. ①设…　Ⅱ. ①张…　Ⅲ. ①电网–电力系统运行②电网–电气设备–维修　Ⅳ. ①TM727

　　中国版本图书馆 CIP 数据核字（2020）第 050998 号

出版发行：中国电力出版社
地　　址：北京市东城区北京站西街 19 号（邮政编码 100005）
网　　址：http://www.cepp.sgcc.com.cn
责任编辑：罗　艳（010-63412315）马　青
责任校对：黄　蓓　李　楠
装帧设计：张俊霞
责任印制：石　雷
印　　刷：三河市万龙印装有限公司
版　　次：2020 年 5 月第一版
印　　次：2020 年 5 月北京第一次印刷
开　　本：710 毫米×1000 毫米　16 开本
印　　张：10.5
字　　数：181 千字
印　　数：0001—1000 册
定　　价：53.00 元

序

为进一步提升电网设备运维精益水平，实现跨专业数据共享和业务协调，提升电网运行管控和优质服务水平，国家电网有限公司自 2012 年起大力推进设备（资产）运维精益管理系统（简称 PMS2.0 系统）建设。

PMS2.0 系统作为运检信息化管控的重要技术手段，在各项工作中发挥着越来越重要的作用，其数据质量和应用深度受到各级管理人员和技术人员的广泛关注。数据作为一种基础性资源和战略性资源，是企业信息化建设道路上建成的无形资产，数据管理能力正快速成为企业的核心竞争力。大量的数据资产为企业分析决策奠定了基础，数据资源逐步转变为战略资产，但一直以来数据质量达不到实用化应用的要求。

国内陆续开展了一系列大数据的研究试点工作，但大多数集中于大数据平台的技术研究实现，而在电网基础数据治理甚至是数据管理上开展的研究工作较少，对于目前积累的数据缺乏有效管理，数据量越来越大，电网业务越来越复杂，对于数据的处理技术也越显无力，这些制约了信息化向大数据应用的发展。

本书尝试通过规范 PMS2.0 系统数据资产管理工作，阐述 PMS2.0 台账和图形录入规范要求，让 PMS2.0 系统数据为我所用，辅助各项工作有效决策。

张孝军

2019 年 11 月

前　言

PMS2.0 系统功能全面，为运维检修精益化管理和资产全寿命周期管理提供了基础，在实际应用上，PMS2.0 系统设备基础数据传输给发展、财务、营销、调控等多部门，在电网生产、经营管理、优质服务等方面发挥重要作用。

在供电企业日常运行中，电网设备的新投、更换、切改、退役等情况十分频繁，设备的变动导致了系统与现场数据的差异，导致 PMS2.0 系统基础数据面临着来自多个层级的专业管理压力。面对逐渐复杂的数据资源，数据质量问题也随之增多，如跨系统数据不对应、录入标准和流程规范等问题，这些问题严重影响了电力信息系统的应用与推广。

本书为建设和应用 PMS2.0 系统的经验总结，对如何通过 PMS2.0 系统规范管理电网资源数据，以及 PMS2.0 系统应用过程中常见的权限类、图形类、图形质检、台账类、业务应用类以及跨系统接口类问题进行了解答。

本书以电网公司所属省、市、县公司人员，从事数据管理、应用和软件开发相关人员，从事电力行业数据管理人员以及从事大数据应用研究人员为读者对象，希望不同读者从各自视角都能有所收获。

限于水平有限，虽然对书稿进行了反复推敲，仍难免有疏漏及不足之处，敬请读者批评指正。

编　者

2019 年 11 月

目　录

序
前言

第一章 PMS2.0 系统整体描述

第一节 PMS2.0 系统总体介绍

1. PMS2.0 系统概述

PMS2.0 系统面向电网公司各级运维检修单位，覆盖电网设备运维检修业务和生产管理全过程，是电网公司的运检管理信息平台。PMS2.0 系统实现对电网生产执行层、管理层、决策层业务能力的全覆盖，支撑电网公司资源管理和资产管理，实现管理的高效、集约。PMS2.0 系统以资产全寿命周期管理为主线，以状态检修为核心，优化关键业务流程；依托电网 GIS 平台，实现图数一体化建模，构建企业级电网资源中心；与 ERP 系统深度融合，建立"账—卡—物"联动机制，支撑资产管理；与调度管理、营销业务应用以及 95598 等系统集成，贯通基层核心业务，实现跨专业协同与多业务融合。

2. PMS2.0 系统总体架构

PMS2.0 系统采用两级部署、三级应用模式，实现总部、省（市）公司、地市公司运检业务的全覆盖和全公司统一应用平台，为国家电网有限公司（简称公司）运检全过程管理提供全面支撑，与外部业务系统集成，实现跨部门数据共享和业务协同。PMS2.0 系统总体架构如图 1-1 所示。

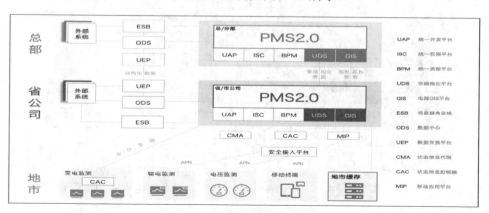

图 1-1　PMS2.0 系统总体架构

3. PMS2.0 系统业务架构

PMS2.0 系统业务架构涉及基础管理、业务执行与管控、评估与决策三个层面，共 22 个一级业务职能，如表 1-1 所示。

表 1-1　　　　　　　　　　　PMS2.0 系统业务架构

基础管理	业务执行与管控			评估与决策
生产标准管理	设备状态监测	生产技术改造管理	水电运维检修管理	指标与绩效分析
设备资源管理	设备退役管理	生产设备大修管理	配网工程管理	状态评价
检修资源管理	设备运维管理	固定资产零购管理	供电电压管理	技术监督管理
	配网故障抢修	综合生产计划管理	专项管理	综合报表管理
	配网运维指挥	检修成本管理		供应商评价

4. PMS2.0 系统功能架构

PMS2.0 系统功能架构可分为标准中心、电网资源中心、计划中心、运维检修中心、监督评价中心和决策支持中心六大中心，通过六大中心的分工和协作，实现运检全过程覆盖，结合横向的数据共享和业务协同，实现资产全寿命管理，促进公司运维管理精益化水平提升。PMS2.0 系统功能架构如图 1-2 所示。

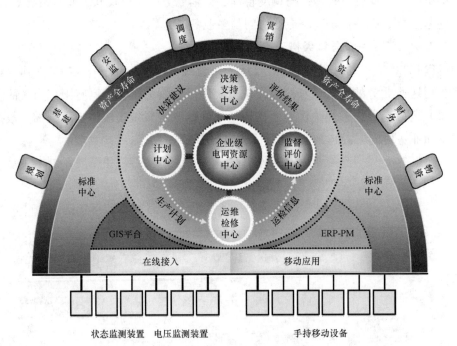

图 1-2　PMS2.0 系统功能架构

标准中心是基础，实现对设备分类、缺陷标准库、状态评价导则等运检标准规范的统一管理，贯穿其他五个中心。电网资源中心是核心，实现对电网资源台账、图形、拓扑信息的管理，是数据共享和业务协同的基础，电网资源中心也是本书阐述的重点。运维检修中心实现对设备运行、状态、检修等运检作业全过程管理，是运检人员主要工作平台。计划中心实现对项目计划、修理计划和综合生产计划的管理，通过计划优化和平衡，提高运检效率。监督评价中心是专业管理人员的重要工作平台，实现对电网运检业务监督和评价。决策支持中心基于系统数据和分析模型，参考监督评价中心的评价结果，通过辅助决策、运检绩效管理和综合报表三大功能，为领导层和管理层的业务决策提供信息支撑，最终实现优化电网设备构成、提高运检绩效和提高供电可靠性的目标。

按"六大中心"思想设计 PMS2.0 系统功能架构，紧密结合大检修业务流程，建设系统一级功能模块 29 个，二级功能模块 196 个，三级功能模块 975 个，覆盖运维检修全过程管理，为运检业务线上执行提供支撑。PMS2.0 系统一级功能模块如图 1-3 所示。

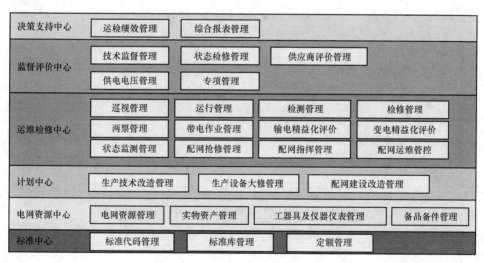

图 1-3　PMS2.0 系统一级功能模块

5. PMS2.0 系统集成构架

PMS2.0 系统基于 SG-UAP 平台，通过统一权限管理系统与企业门户进行界面集成；采用 BPM 组件进行业务流程管理；采用 ESB 实现与外围业务系统的数据传输；与信息系统进行数据共享交换时，遵循公司公共信息模型（SG-CIM）标准；涉及非结构化数据接入非结构化平台；基于 GIS 平台服务实现图形相关分析应用。目前 PMS2.0 系统已实现与外部系统集成实现业务协同和数据共享。PMS2.0 系统集成架构如图 1-4 所示。

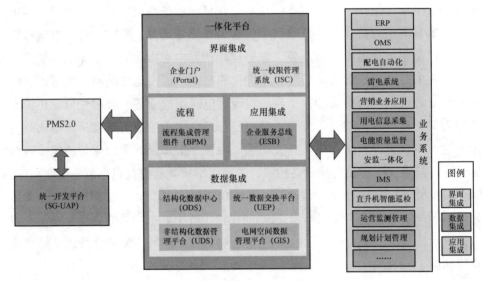

图 1-4　PMS2.0 系统集成架构

PMS2.0 系统与外部 29 个业务系统存在集成关系，实现系统数据共享和业务协同，为数据源端维护、全局共享的实现提供保障。涉及调度、营销、物资、财务、安监以及运监等部门相关业务系统。PMS2.0 系统与外部业务系统关系如图 1-5 所示。

6. 平台支持系统

（1）BPM 系统：工作流管理平台，通过对流程梳理、流程建模、流程模拟与测试、流程应用开发、流程管理监控及统计分析等各功能特性的实现，满足国家电网系统内流程应用建设和系统间流程集成应用建设的需要。

（2）ISC 系统：统一权限管理系统对 PMS2.0 系统的权限进行统一管理并提供集中的功能展示。

（3）电网 GIS 平台：由 GIS 数据代理、消息同步服务、前置服务、栅格服务、拓扑服务、网络监控服务、空间信息服务、典型应用框架、图形资源管理系统等模块组成。基于关系型数据基础上，构建一套可用于电网设备网架构建、编辑、发布、展示一体化的地理信息平台。

（4）UDS 平台：UDS 平台即非结构化平台，用于存储不方便用数据库二维

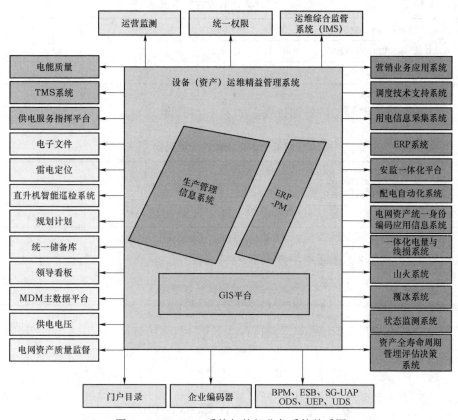

图1-5 PMS2.0系统与外部业务系统关系图

逻辑表来表现的数据。包括所有格式的办公文档、文本、图片、XML，HTML、各类报表、图像和音频/视频信息等。

（5）数据中心（Operational Data Store，ODS），是一个面向主题的、集成的、可变的、当前的细节数据集合，用于支持企业对于即时性的、操作性的、集成的全体信息的需求数据集合。

（6）统一应用开发平台（State Grid Unified Application Platform，SG-UAP），是国家电网公司新一代应用开发、运行、治理平台，集成了统一权限和业务流程管理，支撑业务系统的设计、开发、测试、发布、运行的全过程。

7. 系统软硬件配置要求

要正常使用PMS2.0系统，建议计算机满足以下硬件配置要求：

终端台式计算机的硬件配置要求如表1-3所示。

表1-3 终端台式计算机的硬件配置要求

CPU	使用 GIS：双核/四核，主频≥3GB，缓存≥6MB	内存	4GB 及以上
	不使用 GIS：双核主频≥2GB，缓存≥3MB		
硬盘	500GB 以上	显示器	19～22 寸

终端笔记本电脑的硬件配置要求如表1-4所示。

表1-4 终端笔记本电脑硬件配置要求

CPU	使用 GIS：双核主频≥2GB，缓存≥3MB	内存	4GB 及以上
	不使用 GIS：双核主频≥2GB		
硬盘	500GB 以上	显示器	14 寸及以上

终端计算机的软件配置要求如表1-5所示。

表1-5 终端计算机的软件配置要求

| 操作系统 | Windows7 Professional 或满足需求的 64 位操作系统 |
| 浏览器 | 谷歌浏览器 V4.5 版本及以上 |

第二节　PMS2.0 系统功能模块

1. 电网资源管理模块

电网资源管理模块实现电网资源的图形和台账信息的维护，在地理图基础上生成电网系统图、地下管线剖面图、电网运行环境等专题图，并以电网资源的图形、拓扑、台账为基础，实现图形化查询统计、周边设备分析、停电分析、供电范围分析、供电半径分析、电源点追溯等功能。电网资源管理作为 PMS2.0 系统的基础模块，为其他各模块提供图形台账、图形操作、图形分析等基础功能支撑，实现设备台账与资产的互联，支撑资产全寿命管理，实现电网与客户信息互联，支撑故障抢修、线损精细化等综合应用。

电网资源管理模块涵盖站内交流一次设备、换流站直流设备、保护设备与安全自动装置、自动化设备、交直流电源设备、防误装置、架空线路、电缆线路、用户接入点、在线监测装置、电缆管道设施、生产辅助设施、低压设备、备品备件、工器具及仪器仪表的管理。电网资源管理涵盖电网图形管理、设备台账管理、电网专题图、电网图形分析、备品备件台账管理、工器具及仪器仪表台账管理和电系铭牌运行库维护七部分。

2. 实物资产管理模块

实物资产管理模块包括资产新增、维护、退出（再利用、转备品备件、报废）、再利用、退役（报废）以及设备核查等模块。通过实物资产新增、维护、退出、再使用、退役、再利用、备品备件、调拨以及报废全过程管理，实现设备台账和实物资产一致性、设备退出实施、设备再使用设备信息共享、设备退役审批处理及相关查询统计分析功能，为资产价值、寿命、利用率、安全效能等资产评估决策提供支撑，提升资产管理水平。

3. 电网运维检修管理模块

电网运维检修管理模块结合状态评价、设备缺陷和隐患等，形成以检修计划为主线，以工作任务单为执行手段，以工作票为安全保障的完整业务处理过程。在运检业务的闭环管理中，以工作任务单为载体，串接工作票、检修记录及带电作业、停电申请和标准化作业。与调度部门协作，融合停电计划和停电申请管理流程。电网运维检修管理模块包括运行值班、巡视管理、电力设施保护管理、检测管理、故障管理、缺陷管理、隐患管理、检修计划管理、停电申请单管理、工作任务单管理、两票管理、标准化作业管理、试验报告管理等。

4. 配网故障抢修管理模块

配网故障抢修管理模块实现配网故障抢修全过程跟踪管理，实现配网抢修队等抢修资源的统一管理，实现抢修资源优化配置和调派辅助分析、故障抢修评价分析等功能，支撑故障抢修优化管理；通过与客户服务管理业务融合，实现客户报修的闭环管理；实现客户报修信息、用电采集和配网自动化信息接入，结合电网图形拓扑分析，实现电网故障快速定位、重复报修过滤，提升抢修效率。配网故障抢修管理模块包括抢修驻点维护、抢修资源维护、抢修过程管理、抢修可视化监控、抢修事后评估、抢修演习管理等。

5. 配网运维指挥管理模块

配网运维指挥管理模块实现设备名称和编号审批、新设备投运、停电停役申请、停电通知、日调度计划、调度操作指令票、调度图形操作、调度运行日志、紧急减负荷、保护定值单以及保供电等管理，贯通配网运检、调度核心业务。基于配网电网系统图，结合各类采集信息接入和电网调度倒闸操作管理，实现电网状态实时维护管理，支撑可靠性统计分析，实现从静态电网管理到动态实时电网管理的转变。

配网运维指挥管理模块包括电系铭牌管理、停电停役管理、停电通知管理、日调度计划管理、调度图形操作管理、调度运行日志管理、调度操作指令票管理、保护定值单管理、紧急减负荷管理、超供拉路管理、新设备投运管理、保供电管理、10kV双（多）电源调度协议管理、重要用户管理、分布式电源管理和电容电流管理。

6. 配网运维管控模块

配网运维管控模块数据来源于PMS2.0系统、营销SG186系统以及用电信息采集系统。在模块中可以清晰地掌握本单位的配网规模、配网运行、配网检修、配网抢修、配网工程等情况。尤其是通过PMS2.0系统的公用变压器重过载分析模块，能够提取出重过载公用变压器的负荷曲线、负荷、电压、电流等采集数据，为配电变压器精益运维提供支撑。

配网运维管控班组可视化展示主要功能：基本功能（设备概况、运行情况、检修情况等信息）、配网运行（公用变压器重过载、低电压、三相不平衡等信息）、配网规模（开关、站房、公用变压器、线路等信息）、配网检修（停电计划、带电作业）等。可视化展示设备概况（站房、开关、配变、线路）、运行情况（重过载、低电压、三相不平衡等）、配网工程（储备项目、计划项目、项目执行）、检修情况（停电计划、带电作业）。可视化展示中、低压用户户数及容量，站房、开关、配电变压器、线路相关信息及运行年限，网架指标（绝缘化率、电缆化率、架空绝缘化率、联络率），供电半径等。可视化展示运行情况（重过载、低电压、三相不平衡等），配电自动化，故障情况（故障跳闸、电网故障）缺陷等。计划停电、架空带电作业、电缆带电作业等相关信息。

7. 状态检修管理模块

状态检修管理模块实现设备状态的监测预警，对告警设备进行故障诊断以判断故障原因和建议处理措施；实现设备状态的多维分析和评价，掌握设备的运行状态；根据设备分析评价结果，形成状态检修策略，辅助生成状态检修计划，指导检修工作有序开展。

状态检修管理模块包括状态信息管理、状态告警管理、状态评价管理、综合报表管理、状态检修计划管理等。

8. 生产技改大修一体化管理模块

生产技改大修一体化管理模块在PMS2.0系统技改大修已有功能的基础上，将原新建库、规划库、储备库、计划库及实施库五库合一，基于一套统一模型的基础上，实现技改大修项目从立项、储备、计划到实施的全过程信息化管理，实现项目建议书、估算书及概预算书的在线编制、审核，并结合综合分析管控平台，实现对项目编报、进度、造价的精益化分析管控。

生产技改大修一体化管理模块统一数据格式，实现新建、储备、年度计划、预计划、专项计划库五库合一。取消了新建项目管理，可在储备编制时直接进行项目新建。项目建议书、估算书数据结构化，建议书、估算书支持在线编制。估算书提供套用历史工程和模板辅助功能（需省公司自行维护），可实现快速在线编制项目估算，提高项目估算书编制效率和投资合理性。部分字段逻辑自动获取，基本信息中，部分字段通过其他必填字段进行逻辑判断自动获取，降低手动输入工作量，减少人为失误。增加档案管理功能，主要用于项目全过程档案的维护，包括档案文件库管理功能、项目档案归档管理。

9. 供电电压自动采集模块

供电电压自动采集模块规范供电电压监测装置的数据采集和接入，全面实现公司城市供电电压和农村供电电压数据自动采集、加工、告警、展示、统计以及辅助分析等功能，提高电压合格率信息的及时性和准确性，提升公司电压无功管理精益化水平。

供电电压自动采集模块包括电压无功设备专业管理、GIS 应用、数据分析管理、合格率管理、监测点变更、监测点异常、监测点运维、异常信息管理、监测点管理、基础信息维护、指标统计分析管理。

10. 供应商评价模块

供应商评价模块对公司系统在运的 22 类输变电设备对应的所有供应商，根据评价导则，依托 PMS2.0 系统运检环节电网设备供应商绩效评价模块，收集设备运行信息（缺陷、非停、故障等）、交接验收确信、金属专项监督缺陷、事故通报及家族缺陷等基础数据等，对设备供应商开展绩效评价。

供应商评价模块实现对评价范围中的供应商管理，包括供应商（生产厂家）管理、评价导则管理、供应商评价管理。供应商管理范围包括总部集中采购计划的总部直接组织实施招标的中标供应商。供应商评价分为两级评价，省公司系统根据缺陷、投诉、质量事件、降级事件形成省公司供应商评价结果，省公司评价完成后将缺陷、投诉、质量事件、降级事件和评价结果上报到总部总部根据各省（市）单位上报的缺陷、投诉、质量事件和降级事件，以及评价约束条件对供应商进行评价，形成总部的供应商评价结果。

11. 全过程技术监督精益化管理模块

全过程技术监督精益化管理信息系统共分为 7 个子模块，包括计划管理、实施管理、问题管理、数据分析、总结报告、制度标准、监督网络。系统可实现技术监督计划下达及闭环管理、技术监督实施活动记录、家族缺陷及预告警单发布及闭环管理、技术监督总结报告编制及报送、技术监督数据分析与决策预警、技术监督标准查询、技术监督网及专家管理等功能。

计划管理实现技术监督计划的编制、发送、审核、推送、归档、计划修改、进度管控等功能；实施管理实现 10 个监督阶段、14 个监督专业的全过程技术监督规范化、标准化、信息化、精益化管理；问题管理实现监督问题的跟踪闭环管理，促进监督问题及时有效整改，提升技术监督对设备质量的精准管控水平；数据分析实现自动统计、智能分析、快速预警等智能化功能，为各部门加强设备质量管理，开展设备状态及寿命评估提供精准分析；总结报告实现技术监督报表、总结的自动生成与上报功能；技术标准实现对技术监督工作有关标准、规定、文件的快速查阅与下载；监督网络实现对技术监督网络与专家库的维护，技术监督专家的考评。

第三节　GIS 系统图形客户端功能

一、GIS 系统概述

GIS（Geographic Information System）是计算机技术、地理学技术、测绘学技术、图形处理技术相结合的综合信息系统。GIS 系统将发电、输电、变电、供电、用电等数据综合，图文并茂的输出给用户。GIS 系统可作为电网资源综合集成管理与可视化分析的有效手段，有效提高数据采集、分析、处理能力，提供电网分析辅助决策支持，对于降低企业生产运营风险起重要的作用。电网 GIS 包含四类数据：基础地理数据、电网图形数据、资源属性数据和电网拓扑数据；在功能层面，电网 GIS 平台主要包含电网资源图形管理（电网资源图形管理主要实现对基础图形、电网模型、电气图、专题图的维护和管理）。

二、GIS 系统与 PMS2.0 系统的关系

电网 GIS 系统注重电网资源的空间位置和拓扑图形数据，PMS2.0 系统注重电网资源的台账和生产运行数据；两个系统都与电网生产管理有关，两者的结合能高效地提高电网生产、运行的管理水平。

三、GIS系统图形客户端

图形端主体功能分为电网图形管理、设备定制编辑、图形定制编辑、专题图、电网分析、系统管理等六大模块，GIS 系统图形客户端主体界面如图 1-6 所示。

图1-6　GIS系统图形客户端主体界面

1. 电网图形管理模块

电网图形管理模块主要用于新增/修改/删除设备等基本编辑操作，如图1-7所示。

图1-7　电网图形管理模块

（1）打开地理图：打开由各种电网设备按电网结构拓扑连接而成的具有真实地理坐标系的地图。地理图分基版地理图和版本地理图，判断当前打开哪种地理图可通过系统主界面状态栏查看当前任务状态，若当前任务为无，则说明当前打开地理图为基版地理图，反之为版本地理图。

（2）打开站内图：打开展示电站内电气设备接线方式的地图，有三种方法可以成功登录系统并打开地理图：点击工具栏上的"打开站内图"按钮，然后移动鼠标在地图上单击要打开的站房；使用选择工具在地图上选中电站（当前地图只能有一个电站设备被选中），然后在地图上右键，在弹出的菜单中点击"打开站内图"按钮；打开设备导航树，展开要打开站内图的站房，在该站房节点鼠标右键，在弹出的菜单，单击"站内一次图"按钮。

（3）埋设剖面图：以电缆埋设为单位，展示电缆埋设内电缆段穿孔排列布局的纵向切面图。

（4）电缆井展开图：以电缆井为中心，展示与其拓扑关联的电缆埋设走向的横向切面图。

（5）设备导航树：根据设备之间的从属关系按层级挂接的设备展示树，包括全省设备导航树、输电线路导航树、大馈线导航树、配电导航树、低压设备导航树。低压设备导航树、站内一次导航树打开方式有所不同，在站内导航树选择配电变压器或线路上选择柱上变压器，右键能跳转到该设备对应的低压设备导航树。

（6）站内添加：打开一个任务的站内图，用于添加站内母线、连接线、变压器类、开断类和站内电设备。

（7）站外添加：对站外设备进行新增操作，除站所类设备、杆塔设备等个别设备可以单独添加外，导线段、电缆大部分设备均需要捕捉相关的设备进行添加。

（8）节点编辑：用于对设备的节点进行编辑的功能，节点编辑只能用于维护设备的拓扑、图形信息，不能用于维护设备的属性信息。如用节点编辑将设备从一条线路下面改接到另一条线路下面后，设备的所属线路不会更新，需要用其他功能进行维护。

（9）设备删除：根据所选的设备进行删除操作，删除设备支持删除虚拟设备，删除虚拟设备将删除从属于虚拟设备的所有实体设备。

（10）关联铭牌：实现图形设备关联铭牌的功能。刷新铭牌：根据在 PMS 端已变更的铭牌信息（铭牌名称、铭牌编码、设备 ID），刷新图形信息（设备名称、运行编号、设备 ID）的功能。铭牌解除：解除图形和铭牌的关联关系的功能。

（11）符号缩放：对设备的符号大小进行调整，符号缩放只针对开关类以及点设备大小调整。

（12）标注编辑：修改点选设备显示的标注名称。

（13）标注编辑：修改点选设备显示的标注名称。注记添加：提供在当前视图上任意位置增加文字标注的功能。

（14）注记编辑：提供对当前已存在的注记对象进行编辑的功能。

（15）快速定位：根据图形资源类型、可以查询的属性字段，查找满足条件的空间对象，并对查询结果进行图形定位。快速定位支持关键字的模糊查询。

2. 设备定制编辑模块

设备定制编辑主要用于设备批量坐标导入、线路从属关系变更等操作，如图 1-8 所示。

图 1-8　设备定制编辑模块

（1）线路更新：用于批量维护线路中设备的"所属线路"属性，指定线路管理的设备范围。如果两条或者多条线路间通过联络开关（业务上的称呼，图形系统中没有专门的类型）相连，需要用户将该开关设置为终止设备，否则搜索时将会把相关线上的设备都搜索到。该功能只用于维护设备的"所属线路"属性，不能用于对线路的起点设备、出线开关、所属间隔等属性的维护。

（2）馈线分析：用于配网主线与馈线间的挂接关系，该功能只能用于维护普通中压线路的"上级线路"属性。因为线路是虚拟设备，所以功能中通过选择站房来查找线路。

（3）线打断：对导线段、电缆段（中高压、低压）这两种设备进行打断操作的功能。对电缆段、导线段打断后，其起点设备、终点设备会发生变化，打断操作会将打断位置处的起始、终止关系自动维护完善。该功能内部支持选择操作。当用户连续对不同设备进行打断操作时，不必使用专门的选择工具选择要操作的设备。只需点击 Esc 键清除当前所选设备，然后通过鼠标点选选择其他设备。

（4）线合并：将两条连接的电缆段或者导线段合并为一条设备。合并操作后，会对选中设备的图形进行改变，而将另一个设备自动删除。对于导线段的合并，两条导线段连接的位置有且只有一个直线运行杆塔，或者没有设备才能进行操作。对于电缆段的合并，两条电缆段连接的位置有且只有一个电缆终端头、电缆中间接头，或者没有设备才能进行操作。合并操作后会将连接位置处的电缆终端头或者电缆中间接头自动删除。合并操作后，会改变部分操作设备的起点、终点设备属性，功能会自动进行维护。

（5）杆塔合并（拆分）：用于将运行杆塔由一个物理杆塔上移动到另一个物理杆塔上的功能。

（6）线设备重定义：重新定义导线、电缆管理的设备范围，并且维护导线、电缆与其管理设备间的从属关系。如果对导线进行重定义，起点设备、终点设备需要选择运行杆塔。对电缆进行重定义，则需要选择电缆终端头、站内电缆接头，或者其他设备。该功能主要用于维护导线（电缆）的起点设备、终点设备属性，以及与其子设备间的从属关系。起点设备到终点设备通路上的所有设备必须是导线（电缆）的子设备。

（7）添加弧线：在线设备（线符号）上增加弧线，注意操作对象为单个线设备。删除弧线：删除线设备上的弧线，注意操作对象为单个弧线。

（8）杆塔转换：耐张杆塔与直线杆塔之间相互转化。当运行耐张杆塔转化时，会将杆塔连接的导线段合并，反之打断。耐张运行杆塔转换到直线运行杆塔，将会合并导线段，合并后导线段所属导线与其中一根导线段保持一致；直线运行杆塔转换到耐张运行杆塔，将打断导线段，打断后导线段所属导线与打断前到线段所属导线保持一致。

（9）杆线同布：用于同时添加导线杆塔设备。该功能只能基于捕捉地图已有的设备进行添加，无法单独添加。可捕的设备包括运行杆塔、电缆终端头、超连接线、柱上开断类设备等。基于捕捉运行杆塔添加出的第一根线是导线段，捕捉其他设备添加的出的第一根线均为连接线。

（10）杆号重排：实现对杆塔名称重新排序。要注意选择同一线路的两个耐张运行杆塔。

（11）精确移动：用于用户输入坐标对指定设备进行移动的功能。

（12）一点一侧移动：用于站内连接线某一侧设备整体移动的功能。注意当前视图为站内图。

（13）电缆测点导入：用于导入固定坐标位置绘制电缆，导入测点坐标文件只能存在三列数据：准备".txt"文件。说明：第一列为序号，支持字母及数字；第二列为地理图上地理图 X 轴坐标点；第三列为地理图 Y 轴坐标点。

（14）数据导入<坐标点批量导入>：支持部分设备的采集数据按照 Excel 模板中规定格式组织后，批量导入系统自动生成图形的功能。目前图形系统支持导入的设备类型有：站址、物理杆、低压物理杆、检查井、电缆直埋、电缆管道、电缆沟、电缆桥、电缆隧道。

（15）线路自动导入：支持线路上部分设备以 Excel 模板中规定的格式采集组织后，批量导入系统自动生成图形的功能。

（16）低压数据导入：支持对部分低压设备批量导入的功能。

（17）网格设置：实现对站内网格设置的功能。

（18）开关链接：实现不同站内开关的链接，主要处理融冰开关和其他开关的链接。

（19）按铭牌添加：实现站内设备定制添加的功能。

（20）间隔复制：实现复制间隔内设备定制编辑的功能。

（21）间隔调整：实现站内以间隔为单位对设备进行整体移动的功能。

（22）设备旋转：在站内提供以某一点为圆心，对相关设备进行旋转的功能。

（23）整站复制：实现复制站房和整个站内设备的定制编辑功能。

（24）站房缩放：用于对站房大小进行调整的功能。该功能支持地理图、配网系统图、主网系统图上的站房缩放。缩放过程中，如果站内设备一起进行缩放了，那么站内设备与站外设备连接的位置会发生变化，双击保存后，功能会自动调整相关站外设备的位置以保持与站内设备的连接。

（25）线路关联：实现线路的线路类型、起始站、出现间隔、出现开关、起点设备的信息变更。

3. 图形定制编辑模块

图形定制主要用于电缆及通道更改，图形导出、责任区变更等操作，如图 1-9 所示。

图 1-9　图形定制编辑模块

（1）添加截面：实现为电缆埋设添加截面的定制编辑功能。

（2）截面显隐：对电缆截面进行显示或者隐藏的功能。

（3）电缆关联埋设：对电缆穿管行为进行图形建模，通过电缆示意点建立电缆与电缆埋设的关联关系。

（4）电缆关联埋设（入沟）：对电缆穿管行为进行图形建模，通过电缆示意点建立电缆与电缆埋设的关联关系。

（5）电缆取消关联：解除电缆与电缆埋设的关联关系，是电缆关联埋设的逆向行为。

（6）电源点设置：对顶级供电设备设置为电源点，支持取消电源点及查询当前所有电源点设备。

（7）属性关联：用于维护设备间从属关系的功能，可以用来维护电缆段、导线段的起点（终点）设备属性；运行杆塔的所属导线段，所属物理杆属性；线路的所属间隔、出线开关以及起始点设备属性。

（8）标注格式刷：对同类设备进行标注格式成模板设备样式功能。

4. 专题图模块

专题图模块主要用于生成变电站索引图、站间联络图、区域系统图、单线图、站室图、主网系统图、配网系统图、仓位图、二次屏柜图、二次压板图、线路沿步图、台区沿步图、低压台区图，如图 1－10 所示。

图 1－10　专题图模块

（1）变电站索引图：索引图是管辖范围内的变电站按一定顺序组成的热点索引，通过变电站索引图可快速定位变电站对应的站间联络图，方便浏览图形。

（2）站间联络图：站间联络图以变电站为单位，由当前变电站出线及其相关线路共同组成的该变电站的供电区域范围图形。通过站间联络图，可直观了解当前变电站及其联络变电站的供电范围，掌握每条线路的拓扑联络情况，快速定位到线路对应的区域系统图。站间联络图按照逻辑结构分为辐射闭合线路图和联络图。站间联络图在变电站两侧均匀分布，中间通过相关的馈线/大馈线表示联络关系。

（3）区域系统图：区域系统图是每个供电范围的接线详细展现，包含了供电范围内相关馈线/大馈线上所有线路设备、厂站设备和站内设备的示意图形。目的是为了降低图形的复杂度，便于维护和应用。通过系统图，可了解线路和设备的联络关系。区域系统图的设备都保持正交布局，不交叉重叠，方便清晰地查看线路和设备的联络、供电情况。

（4）单线图：单线图以单条配网线路（馈线/大馈线）为单位，从变电站出线开始到馈线/大馈线的末端结束，采用一定布局算法自动生成单条馈线/大馈线的专题图形。

（5）站室图：站室图以站室为单位，显示站室内部结构，并且示意其外部联络，采用一定布局算法自动生成的专题图形。

（6）主网系统图：主网系统图是对输变电电网地理接线图的简化和概括，将地理接线图进行简化概括抽取为横平竖直的接线图，表现主网变电站之间的电气连接关系。打开主网系统图管理窗体，对主网系统图图纸进行新建、删除、重命名的管理。

（7）配网系统详图/配网系统简图：配网系统详图是对 10kV 电网地理接线图的简化和概括，将地理接线图进行简化概括抽取为横平竖直的接线图，表现配网变电站之间的电气连接关系。打开配网系统图管理窗体，对配网系统图图纸进行新建、删除、重命名的管理。

（8）仓位图：进行厂站内仓位分布及仓位状态的图形展示，展示仓位信息、标注信息，反应仓位信息与电气设备的关联关系。

（9）二次屏柜图：进行站内屏柜分布的图形展示，展示屏柜信息、标注信息。屏柜相当于多个二次设备的集合，多个屏柜组成对整个变电站的调节。

（10）二次压板图：对站内二次设备进行图形化展示与管理，体现站内二次设备的相对逻辑位置关系。包括新建图纸、添加二次压板设备。

（11）线路沿布图：基于地理位置对线路/馈线/大馈线走向进行展示，根据电网地理接线图的空间位置关系及电网拓扑关系，对单条线路/馈线/大馈线按照地理走向过滤出地理沿布图。线路沿布图不生成新的数据，只是过滤出对应线路/馈线/大馈线的地理数据进行展示。

（12）台区沿布图：基于地理位置对单个台区进行展示，根据电网地理接线图的空间位置关系及电网拓扑关系，对单个台区按照地理走向过滤出地理沿布图。

（13）低压台区图：以台区（不考虑电气状态）为单位从地理接线信息抽取为横平竖直的接线图，表现低压台区电网设备的电气接线关系和相关台区参数。

5. 电网分析模块

电网分析模块主要用于 GIS 拓扑分析。

（1）缓冲区分析：基于空间关系的设备分析和统计功能。

（2）拓扑校验：从不同层面对图形数据的拓扑关系进行检测的功能。检测方式说明：

1）层级检测。以起点设备开始，以设置的搜索层级为限，逐层搜索与起点设备直接相连或者间接相连的设备，其中搜索到的点设备不计层数。

2）站房检测。以站房为边界，检测站内设备的拓扑连通状况，检测时可以选择任意站内设备。

3）一点一侧检测。检测线设备某一方向上的拓扑连接状况，检测时需要指定一个检测方向。此外，为了避免检测结果过多，默认遇到母线终止检测。

4）连通性检测。检测起点设备与终点设备间是否连通，提供空间分析、电气分析两种分析方式，其中空间分析方式不考虑开断类设备的实际状态，即遇到断开的开关不会终止；而电气分析方式考虑开断类设备的实际状态，即遇到断开的开关会终止检测。

5）连接点检测。检测设备各个连接点处与其他设备的连接状况。

（3）停电模拟分析：对开关状态更改后影响设备的分析，并高亮分析结果。

（4）电源点追溯：追溯选中设备的供电点，并高亮分析结果。

（5）供电范围分析：电网设备（变压器等）的供电范围进行分析，并高亮分析结果。

（6）多电源环路检查：分析选中电网设备的多电源环路，并高亮分析结果。

（7）环路检查：检查选中电网设备的环路，并高亮分析结果。

（8）低压台区分析：对柱上变压器、配电变压器的低压设备供电范围进行分析，并高亮分析结果。

（9）转供电分析：对选中电网设备进行转供电分析，并高亮分析结果。

6. 系统管理模块

（1）大馈线切改：对整条大馈线线路进行切改操作。

（2）大馈线选择：修改常开开关所属大馈线与所属大馈线支线。

（3）创建分支线：为大馈线主干线与大馈线支线创建下级分支线或将设备更新到当前分支线。

（4）设置常开：设置开关的常开状态。

（5）大馈线修改：修改改切后大馈线的起始点设备和出线开关。

第 二 章　PMS2.0 系统数据规范管理

PMS2.0 系统建设和应用的成败离不开干净准确的数据，"问渠哪得清如许，为有源头活水来"，只有进行卓有成效的数据管理，确保数据采集和录入与实际生产活动、现场设备一致，又符合信息系统数据规范化录入要求，才能发挥数据应有的价值，干净准确的数据有利于挖掘电力企业业务本质规律，准确评价预测设备状态、精准实施设备立项。

第一节　数 据 基 本 要 求

1. 电力企业数据

电力企业数据主要来源于电力生产和电能使用的发电、输电、变电、配电、用电和调度各个环节，包括生产数据、运营数据、管理数据。生产数据指如发电量、电压稳定性等方面的数据。运营数据指如交易电价、售电量、用电客户等方面的数据。管理数据指如 PMS2.0 系统、ERP 系统、一体化平台、协同办公等方面的数据。

2. 电网资源数据

电网资源为各类电网设备、设施及用户等资源信息的统称。按照对象类型来分，电网资源可以分为电站及站内设备、架空线路设备、电缆线路设备、低压设备、用户接入点、生产辅助设施等；按照信息类型来分，电网资源的信息包括电系铭牌、设备参数、状态、量测、图形、拓扑和资产信息等多个方面。

3. 地理空间数据

地理空间数据用来描述现实世界中物质的地理位置的数据，包括输电、变电、配电等设备的地理位置数据，通过不同的关联字段分别与电网拓扑数据、属性数据进行关联，用点、线、面来符号描述物质，并用点、线、面的坐标来描述其位置信息。点用一个坐标表示，如电杆；线用两个或者多个坐标表示，如导线；面用一组坐标和面积表示，如变电站。空间数据的获取方式：全站仪

19

测量、GPS 测量、图纸标绘、卫星遥感影像。

4. 电网拓扑数据

拓扑空间关系是一种对空间结构进行明确定义的数学方法，具有拓扑关系的矢量数据结构就是拓扑数据结构。电网拓扑数据是电力 GIS 中的一个重要组成部分，包括与 GIS 格式的地理图形数据相匹配的、具有准确设备设施空间坐标的电网地理图形。拓扑数据及只表达电网设备设施质检逻辑关系而没有空间坐标的电网逻辑图形拓扑数据两部分。电网拓扑数据包括电力相关设备之间的电气拓扑关系、物理拓扑关系和站内外拓扑关系等数据，在电力系统中，杆塔、导线、电缆以及电站是构成电网图形的基本元素，因此，在电力 GIS 系统中，管理对象主要是由这些电气设备所构成的"点""线""面"三种几何要素。电网中的元件之间存在着各种拓扑关系，如线路和开关的连接关系、变压器和线路的连接关系等。拓扑数据就是描述设备与设备之间关系，如线路与变电站的所属关系、线路与线路的关系、线路与线路上的电力设备的关系。电网逻辑拓扑图主要表现的是电网中各个设备元件之间的逻辑连接关系，包括单线图、站所联络图、配网接线图等。

5. 结构化数据

结构化数据也称作行数据，是由二维表结构来逻辑表达和实现的数据，严格地遵循数据格式与长度规范，主要通过关系型数据库进行存储和管理。

6. 非结构化数据

非结构化数据是不适于由数据库二维表来实现的数据，包括所有格式的办公文档、XML、各类报表、图片、音频和视频信息等。

7. 时态数据

时态数据为用来描述现实世界中物质发生动态变化的时刻或时段的数据。如供电电网中开关设备上动态变化的电压、电流的等数据。

8. 基础地理数据

基础地理数据是描述地球上事物的空间位置、形状和关系的数据，主要是为 GIS 应用提供地理空间参照，作为背景底图进行使用。PMS2.0 系统常用的基础地理数据类型有矢量数据、影像数据等。

9. 数据质量评估维度

完整性：用于度量哪些数据丢失了或者哪些数据不可用。数据获取、处理、推送等过程中数据完整，设备属性维护完整。

规范性：用于度量哪些数据未按统一格式存储。设备台账、图形等数据的字段应按照相关标准、规范进行录入。

一致性：用于度量哪些数据的值在信息含义上是冲突的。跨系统数据一致性、图数一致性、空间一致性和拓扑一致性。

准确性：用于度量哪些数据和信息是不正确的，或者数据是超期的。数据精准无误，包括数据类型、数据精度、数据范围的准确性。

唯一性：用于度量哪些数据是重复数据或者数据的哪些属性是重复的。

关联性：用于度量哪些关联的数据缺失或者未建立索引。设备的从属关系，主设备和子设备关系。

10. 数据准确性的关键要素

将因果分析法运用于数据质量提升的工作中，画出鱼刺图，如图2-1所示。从人、技术、方法、环境等方面进行分析，以找出影响数据准确性的关键因素，如表2-1所示。

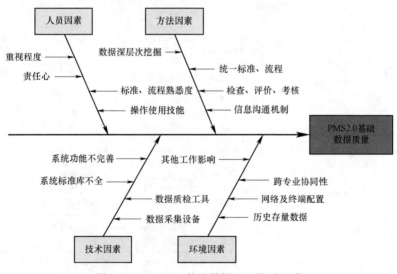

图2-1　PMS2.0基础数据治理影响因素

表2-1　　　　　影响PMS2.0系统基础数据准确性的关键因素

序号	影响因素	末梢因素	影响情况分析	对数据质量影响程度
1		重视程度	人员重视是数据管理及应用工作的关键，转变观念，实现信息化支撑专业管理	关键
2	人的因素	责任心	影响数据准确性决定性因素，需通过绩效考核与奖励等手段传递压力，提高人员主观能动性	关键
3		操作使用技能	操作使用是应用的基础，大部分班组只有少数人能熟练操作电脑和系统，需要进行培训	重要

序号	影响因素	末梢因素	影响情况分析	对数据质量影响程度
4	人的因素	标准、流程熟悉度	依靠不同水平的资料员分散维护基础数据引起的标准不统一、效率低、差错率高	关键
5	技术因素	系统功能不完善	系统数据维护流程，环节多，操作繁琐，用户体验及实用性需进一步优化。系统在升级过程中对规则不断修改，增加了系统使用人员维护的难度	一般
6		标准库不全	新增设备厂家、型号没有进系统标准库，导致台账信息错误，系统有待完善建立参数标准库	重要
7		缺乏数据质检工具	设备台账数据质量主要依赖于业务系统设置的一些规则，如字段不允许为空，对于没有明显的业务规则、隐性的数据质量等问题，缺少有效的技术检测手段，无法满足数据日益变化的数据质量问题检测需求	一般
8		数据采集设备	采集设备精度不足，影响设备地理空间数据准确性	关键
9	方法因素	统一标准、流程	系统使用人员缺乏操作使用的指导规范，需要编写制定详细的使用规范	重要
10		检查、评价、考核	建立检查数据管理指标体系，考核的管理办法，及时组织检查考核，建立通报制度	一般
11		信息沟通机制	建立各层次的信息沟通机制，日常工作采用联系人制度，邮件及网站挂接常用操作手册、规范标准	一般
12		数据深层次挖掘	数据利用的手段还主要停留在对表格、报告等基础资料的表面价值的统计、分析阶段，对跨专业数据的关联分析、横纵对则较薄弱	重要
13	环境因素	跨专业协同性	不同的单位、不同的人员、不同的时期生成的数据存在各式各样的问题，不同部门之间数据更新、维护缺乏比照、追踪机制，导致部门之间存量数据和增量数据存在不匹配的现象，数据准确性难以得到保障	重要
14		历史存量数据	历史数据不完整，原有系统设备台账数据不全，跨系统数据不对应，需开展数据治理工作	一般
15		网络及终端配置	终端及网络配置低，影响人员积极性及工作效率	一般
16		其他工作影响	其他专业工作较重，信息系统为其让步，数据更新不及时	一般

造成数据不准确的原因是多方面的，如没有健全的数据管理制度，历史数据不完整等，但最根本的原因是在思想中没有把基础数据的管理真正重视起来，因为不重视带来了管理的混乱，因为数据的混乱影响了系统的运行。

要提高数据质量，核心是人员的因素，其余的关键因素如标准、流程的规范、完善系统功能、规范采集录入行为，强化跨专业协同等是面临需要重点解决的问题。

11. 数据管理指标

实现 PMS2.0 系统数据准确性、完整性、一致性、及时性、规范性、唯一性的六个要求，发挥 PMS2.0 系统在电网生产、经营管理和优质服务的数据价值，将 PMS2.0 系统数据管理理念和要求贯穿设备资产全寿命周期流程，应用 PMS2.0 系统的运检管理人员以及与 PMS2.0 系统接口有关的财务、营销、调控、安质、建设或检修施工单位人员熟悉 PMS2.0 系统数据规范化应用要求，实现人人重视数据、应用数据、会用系统。PMS2.0 数据管理指标如表 2-2 所示。

表 2-2　　　　　　　　　　　PMS2.0 数据管理指标

序号	指标分类	指标名称	目标值	评价方法
1	台账数据	台账录入完整，主要参数准确	投运设备全部进系统，满足运维检修、状态评价/技改大修、配电网工程、统计分析等需求，是所有数据应用的基础，满足隐患排查、定值整定、方式安排、融冰方案编制等需求	符合国家电网公司有关参数规范，技术规程要求，依靠人工查询和台账筛选工具判定，现场核实、依据统计、相关系统数据进行合理性校核
2	图形数据	图数对应，空间位置设备坐标，拓扑连通，配网单线图成图	满足营配贯通、故障定位、故障研判、规划设计等需求，配网应能实现单线图成图全覆盖	依据 PMS2.0 系统图形质检工具和 360°全方位辅助工具判断
3	跨系统数据集成	PMS2.0 系统与 OMS2.0 集成	主网电系铭牌对应率 100%	满足 PMS2.0 系统与 OMS2.0 调度令、检修计划及停电申请等互通
4		PMS2.0 系统与 ERP 系统集成	账卡物对应率达到 100%，关键字段设备类型、电压等级、运行状态匹配率 100%。	实现工程管理、资产管理和设备管理的关联，实现设备新增、退役、再利用、报废全寿命管理
5		PMS2.0 系统与营销SG186 集成、用采、同期线损一体化平台集成	站线变对应率 100%，线变管辖和户变关系正确率 100%	满足线损、配变重过载、低电压分析，满足停电信息报送和故障研判、故障定位
6		PMS2.0 系统与配电自动化系统集成	实现配电自动化系统图形与拓扑关系由 GIS 平台自动推送	结合 GIS 平台配网拓扑分析、配电自动化实时数据判断故障范围与故障点，提高抢修效率
7		PMS2.0 系统和运营监测、供电电压自动采集、输变电设备状态监测、电能质量在线监测系统、统一规划平台等系统集成	设备信息、运行信息等记录共享，展示相关指标数据	实现其他系统数据取自 PMS2.0 系统

12. 数据质量评估维度

PMS2.0 系统数据应数据质量评估六个维度要求。

（1）数据准确性。指数据精准无误，包括数据类型、数据精度、数据范围的准确性，包含位置精度或称定位准确性，属性精度或台账准确性。位置精度或称定位准确性，是指基础地理空间数据和电网资源空间数据空间坐标位置的精度。属性精度又称台账准确性，主要指电网资源的属性值与其真值相符的程度。包括属性编码的正确性、属性值的正确性，以及名称的正确性等方面。

（2）数据完整性。指在数据获取、处理、推送等过程中数据完整，没有缺失、遗漏，包括电网设备的空间坐标、设备图形、设备属性等基础数据应维护完整。空间完整性主要指具有同一准确度和精度的数据在类型上和特定空间范围内的完整程度。数据完整性包括空间数据完整性和属性数据完整性两个方面，空间数据完整性主要包括电网资源数据和基础地理数据的几何描述应完整；数据的分层应正确，不得有重复或遗漏；注记应完整、正确。属性完整性主要包括实体完整性、域完整性、参照完整性、用户定义完整性。

（3）数据一致性。指跨系统数据一致性、图数一致性、空间一致性和拓扑一致性。跨系统数据一致性是指各专业管理部门所维护的本部门内的业务系统数据要保证关联一致，满足各业务系统对设备数据录入的规范性要求。图数一致性是指数据不仅在数据结构、数据格式和属性编码上正确，还必须保证图形数据和属性数据的一致。空间一致性的内容包括面状要素应闭合、节点匹配应正确；要素应具有唯一性，是否有线段自相交、是否有重叠弧段、几何类型和空间关系是否正确等。拓扑一致性是指电网资源的空间拓扑关系和电气拓扑关系的正确性。

（4）数据及时性。指按照规定的时间和频度报送数据，包括横向的源端业务系统数据接入及时性，以及纵向的数据推送及时性两个方面。对于各专业管理部门在数据维护工作中由于误操作、测试数据等原因产生的数据应及时更改或删除，保证各业务系统应用过程中的有效性。各级运维管理人员应落实设备变更及 PMS2.0 系统数据维护及时性要求，结合设备巡视、验收等日常生产工作，及时发现和修改错误的设备台账、组织机构等系统字段，从而保障各项系统高级应用功能的正常使用，确保配网设备规模统计准确，为配网运行、网架指标、劳动定员、成本核定等管理统计分析工作提供原始数据支撑。

（5）数据规范性。指系统维护人员进行 PMS2.0 系统的数据新建、维护、迁移等工作时，设备台账、图形等数据的字段应按照公司下发的相关标准、规范进行录入，保证数据录入的及时、准确、完整，保证系统和现场的设备在逻辑、业务、规模保持一致。数据规范性问题产生的原因主要有各类数据迁移导致的关键字段为空、人为原因导致的字段信息维护错误、组织调整导致的设备信息不符等。

（6）数据唯一性。指进入系统的数据不产生重复，设备命名不重复，设备只有唯一的状态。数据的入口唯一，不应该在多个系统重复录入。

数据不能存在以下类型的错误：

（1）数据必须及时录入系统，必须确保设备与现场实际一致，如设备的状态、数量，设备的模型不能建错。

（2）设备的主要参数，如线路长度、变压器容量、互感器变比、导线载流量等数字型参数不能错，厂家、型号、专业分类等字符型参数不能错。

（3）跨系统同步的核心参数，如组合设备类型、资产性质、变压器性质等字符型参数不能错。

（4）设备地理位置、从属关系（线变关系、户表关系、主设备与子设备）等空间、拓扑、关系数据不能错。

13. 数据管理的理念或策略

将 PMS2.0 系统源头数据管理与设备全寿命周期流程结合，落实数据采集、数据录入各环节责任，将运检 PMS2.0 系统数据管理要求横向传达到财务、营销、调控、供电服务指挥中心、建设等部门，纵向要求穿透到一线班组和供电所，努力构建纵向贯通、横向协同、运作高效的数据管理机制，实现对源端系统的协同管理。根据 PMS2.0 系统数据管理策略，PMS2.0 系统数据管理及治理提升工作流程如图 2 - 2 所示。

14. 数据的应用价值

数据是信息系统的生命线，是企业各项工作开展和分析决策的核心所在，数据管理工作不仅工作量非常大，而且其工作质量好坏还决定着信息化建设的成败。PMS2.0 系统既为运维检修管理工作做支撑，也为线损、资产、服务及统计等工作创造价值。在电网生产应用方面，通过 PMS2.0 系统开展两票、巡视、维护、缺陷、检修计划、检测、试验报告、状态评价以及定值计算、融冰方案编制等工作。在经营管理应用方面，通过 PMS2.0 系统开展统计分析、劳动定员、规划设计、隐患排查、线损、资产全寿命管理等工作。在优质服务应用方面，通过 PMS2.0 系统开展故障研判、故障定位、停电信息报送、业扩辅助报装、配网运维管控等工作。

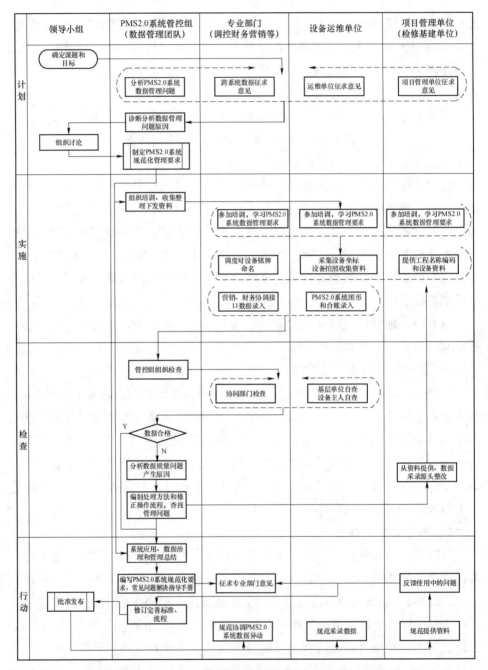

图 2-2 PMS2.0 系统数据管理及治理提升工作流程图

15. 数据采集源头管控

数据的准备直接影响到系统能否正常运行，只有在最源头控制好数据质量，避免产生不可控的偏差,才能发挥数据的价值。

PMS2.0 系统设备台账厂家、型号及设备技术参数信息来源于物资采购、招投标及型号标准库;设备投运前信息来源于工程责任部门提供的项目竣工设备清册,主要包括设备台账、招标技术规范、出厂试验报告、交接试验报告、安装验收记录、新(扩)建工程有关图纸等纸质和电子版资料等。

在数据采集源头,一般设备主人的初步核对,将 PMS2.0 系统中信息数据导出后移交设备主人在现场进行核对,并拍摄现场设备图片存档,从多渠道入手,细化多途径清查原始档案措施,为投运前信息收集提供保障。联系工程设计、施工、验收所涉及的多家单位和人员,查找原始档案。系统维护人员进行 PMS2.0 系统的数据新建、维护、迁移等工作时,设备台账、图形等数据的字段应按照公司下发的相关标准、规范进行录入,保证数据录入的及时、准确、完整,保证系统和现场的设备在逻辑、业务、规模保持一致。

16. 数据入库的准备内容

电网资源数据准备包括电网资源空间数据和属性数据的准备。准备的步骤包括数据的现场采集、数据整理和检查、数据导入和录入 PMS2.0 系统等。在数据采集阶段,对 PMS2.0 系统设备台账模板作为验收资料纳入验收管理,抓好数据管理的源端,各设备运维管理单位主动联系项目管理单位,掌握新建设备所属项目的正确工程编号,录入 PMS2.0 系统,以便资产同步及财务决算。

(1)项目管理单位(检修或施工单位)应在新设备投产验收前整体移交相关设备台账信息资料给运检部门审核。以下资料及信息的移交作为验收的必备条件:项目完整的施工图纸(附修改标记)、项目竣工设备清册,主要包括设备台账、招标技术规范、出厂试验报告、交接试验报告、安装验收记录、新(扩)建工程有关图纸等纸质和电子版资料等。

(2)PMS2.0 系统设备台账信息中物理参数由检修或施工单位(施工项目部)提供。检修或施工单位(施工项目部)提供的物理参数信息,应包括 PMS2.0 系统中必填字段和考核字段。

(3)ERP 系统中建立的工程项目名称和项目首层 WBS 编码。

(4)资料及信息移交时间要求:新建工程应在第一次预验收前整体移交相关资料。改、扩建工程应在工程竣工验收前整体移交相关资料。技改项目及临时性设备更换工作应在设备投运验收前移交相关资料。

(5)提前收集设备的厂家型号,纳入 PMS2.0 系统标准数据库。

(6)检修、施工单位(施工项目部)应以 PDF 等传输中不易破坏数据的文件形式提供设备台账参数表格，往来邮件等涉及 PMS2.0 系统指标责任追溯的证据，必须同时抄送给上级主管部门存档备查。

（7）设备所属调度下达的设备铭牌命名。

（8）设备的资产从属关系发生变更的，应明确设备退役处置意见。

（9）设备运维单位对电网设备设施台账图形维护，采集设备精确地理位置，拍摄设备照片等。

（10）对于配网设备异动，应提供资料应体现异动前后的电气接线变更情况，用一种颜色标记异动前接线异动区域，用其他颜色标记异动后接线异动区域。接线图上应标明开断设备编号，线路名称，杆塔编号（起止杆塔、T 接杆设备杆），配电变压器名称和容量，导线型号，电缆型号，电缆分支箱，高压同杆、高低压同杆情况，站房名称，站内一次接线图（开关编号、出线名称），故障指示器，带电指示器，电缆中间接头，接地环。

17. 数据准备原则

（1）整体性原则：① 统一坐标系，为了保证后续总部与网省纵向贯通的顺利进行，实现全网电网资源空间位置坐标的统一，对于空间参考系，必须保证区域电网公司或省（自治区、直辖市）电力公司内部的统一；② 统一组织，以网省为单位，由省公司统一规划地图、电力数据建设采集方案，避免各个地市各自为政，造成数据混乱的现象；③ 运检、营销应协调采集数据，分阶段、分步骤推进的原则，遵循电压等级从高到低、线路从主线到支线、从台区到表计，区域从城镇到农村，采集一片、核对一片、应用一片的模式分阶段推进。

（2）完整性原则：电力数据产品建设时需综合考虑发电、输电、变电、配电、用电各种类型数据的采集建设，确保电力数据建库、应用管理的完整性。确保设备台账的关键字段信息录入完整。

（3）准确性原则：电力设备地理空间位置的定位精度符合应用精度要求。基础地理空间数据的精度符合国家测绘产品的精度要求。电网设备的隶属关系、连接关系、拓扑关系正确。

（4）及时性原则：对于电网资源数据，需根据设备变更（异动）情况及时进行电网资源变更（异动）数据维护工作，确保电网设备和现场变动一致。基础地理数据需根据各地区经济发展情况制定周期性更新计划，以能满足电力生产应用。

（5）安全性原则：现场采集严禁单人作业，作业过程要符合安规要求，在数据获取/采集、传输、加工、入库及销毁环节，需遵循各环节责任到人，机密数据加密保存，认证介质拷贝传输，内网加工、入库。

18. 营配贯通数据采录工作

营配贯通数据采录目的是完成"站、线、变、箱、户、表、号、址"等八类服务信息的采集覆盖率 100%，实现营配调基础数据全采录，建立准确的"站－线－变"和"配电变压器－用户"的一致性关联关系。营销部与运检部必须建立协同工作机制，双方发挥各自的专业，以产权分界点为边界，采取"谁主管，谁维护"原则，管理各自专业范围内数据。通过一方主导一方配合的方式进行管理。

实行"谁维护，谁负责"的原则，以"用户接入点"作为运检和营销的职责分界点。即以计量表箱及专用变压器设备为分界点，表箱挂接配网末端设备的过程由营销业务流程来进行管控。营销专业负责低压箱表关系、专用变压器用户挂接关系和计量装置等基础资料的准确性；运检专业负责变电站、线路、公用配电变压器等基础资料及配网末端设备关联关系的准确性。

在采录方面，营销、运检专业统一制定采录计划、采录范围，同时开展数据采集、同期进行建模录入、同步更新异动数据，在采录工程中，以台区和线路为数据清理单元，按照"一张工单、一次现场、一个高压用户/台区"的要求，以运检为主导完成低压电网线路拓扑采集使配电网信息延伸到低压侧是完成"配电变压器－用户"对应的前提工作，以营销为主导完成用户信息采集，确保表箱同户号对应，户号同用户地址对应。

19. 实物资产设备新增管理

电网实物资产新增分为：工程项目实物资产新增，零星购置实物资产新增，调拨与划转新增，投资者投入、捐赠与无偿调入新增。以工程项目实物资产新增为例，实物资产设备新增管理涉及项目管理部门、项目实施单位、实物资产管理部门、实物资产保管部门和财务部门的协调配合，以及 PMS2.0 系统和 ERP 系统之间数据的交互。

（1）工程竣工或部分竣工后，项目管理部门会同物资、财务部门组织编制《工程现场验收盘点清单》，清单应严格按照固定资产目录所列资产细类标准出具，确保工程现场设备的建设信息准确完整。现场验收时依据"工程现场验收盘点清单"或通过移动终端完成现场验收盘点。

（2）项目管理部门组织项目实施单位、实物资产管理部门、使用保管单位、财务部门（含价值明细管理单位）根据《工程现场验收盘点清单》开展电网实物资产盘点，确保清单内容与现场实物的信息一致，并签字确认后办理实物交接。现场验收盘点完成以后，项目管理部门通过 ERP 系统编制《设备移交清册》，向 PMS2.0 系统推送设备移交清册。

（3）在 PMS2.0 中创建设备变更申请单，并规范填写设备变更申请单内容，完成创建后，需要工作人员在现场核对设备移交清册与移动终端已扫描的设备台账信息是否与现场设备台账信息一致，核对无误后则在 PMS2.0 系统进行设备台账录入。

20. 变电地理空间数据采集要求

变电（变电站）地理空间数据采集的内容主要是各种类型变电站空间位置坐标及变电站的属性数据，具体采集内容包括：

（1）采集变电站四个角的经纬度坐标。

（2）记录变电站的名称、电压等级、变电站性质、所在地市等信息。

（3）根据变电站四个角的对角线推算变电站的中心点坐标。

（4）将采集的坐标数据进行椭球基准转换和平面坐标转换，形成目标坐标系能够直接使用的坐标。

21. 输电架空线路地理空间数据采集要求

（1）对杆塔设备坐标进行采集。直径小于 30cm 的圆柱形杆塔，采集杆塔一侧坐标；直径大于 30cm 的圆柱形杆塔，采集杆塔周围 2～3 个点坐标，求取杆塔中心点坐标；铁塔（角钢塔），能采集基座中心点坐标的直接采集，否则采集基座周围 2～4 个点坐标求取设备中心点坐标；门形杆塔采集两基杆塔的中点坐标；双联杆两基杆塔都有铭牌的，两基杆塔均应采集坐标。

（2）每个杆塔拍摄 5 张能清晰看到杆上设备的照片（杆塔全貌、杆塔铭牌、杆塔塔头、杆基础、线路走廊）；若多回路线路杆塔有多个铭牌，可根据实际情况选择拍摄铭牌相片数量；有条件的单位在采集过程中对线路交叉跨越情况进行记录并拍照。

（3）记录杆塔的线路名称、设备名称、回路数、杆塔材质、杆塔性质（直线、耐张、T 接、终端）等属性信息。

（4）根据采集的终端、耐张、转角坐标和直线杆塔档距推算直线杆塔坐标，如果推算出来的直线杆塔的档距与资料档距相差 5m 以上，则需要对此直线杆塔进行实测，避免点位误差过大。

22. 电缆线路地理空间数据采集要求

（1）根据公共设施采集的检查井/工井、电缆管（沟、隧道）特征点信息绘制电缆管（沟、隧道）走向。

（2）通过实际地下管线测绘方式采集电缆线路的特征点位置信息，或基于电缆管（沟、隧道）的路径标绘电缆线路的走向和位置，并注明埋设方式。

（3）通过实际地下管线探测方式或地图标绘方式采集电缆中间接头、电缆接地箱、电缆交叉互联箱的坐标数据，并记录设备名称、设备编号、所属线路等属性信息。

23. 配电架空线路地理空间数据采集要求

（1）采集杆塔坐标。

（2）采集杆塔照片，拍摄三张照片：一张杆塔全貌照片、一张能清晰看到杆塔铭牌的杆塔铭牌照片（若存在多回路线路杆塔身背铭牌悬挂分散情况，可根据实际需要拍摄多张铭牌相片）、一张能清晰看到杆上设备的杆塔塔头照片。有条件的单位在采集过程中对线路交叉跨越情况进行记录并拍照。

（3）记录杆塔的线路名称、设备名称、材质、性质（直线、耐张、T 接、终端）、同杆架设回路数、等杆塔信息；记录杆上设备，如刀闸、开关、跌落、变压器等杆塔设备信息，供项目实施中人工绘图时参考。

24. 配电电缆线路地理空间数据采集要求

（1）根据公共设施采集的检查井/工井和电缆管（沟、隧道）特征点信息绘制电缆、电缆管（沟、隧道）走向，并注明埋设方式。

（2）通过实际地下管线测绘方式采集电缆线路的特征点位置信息并注明埋设方式。（如果单位人力物力不满足采集条件，可制定计划进行后续采集）。

（3）通过实际地下管线测绘方式或地图标绘方式采集电缆中间接头、电缆接地箱、电缆交叉互联箱的坐标数据，并记录设备名称、设备编号、所属线路等属性信息。

（4）对于无法撬开电缆井，只采集平面坐标，拍摄地面照片。

（5）首次巡线人员在作业过程中，携带纸质记录表，按顺序将名称填写在纸表中，采集坐标人员依据填写纸表进行采集工作。

（6）电缆井采集过程中为避免作业组重复采集，统一在电缆井井盖右下角处用三角符号标记（先拍照再做记号），下一作业组经过有记号的电缆井时，需把名称记录下来，但不采集坐标，保证电缆井走向的连续性。

（7）电缆井编号按照线路顺序从起点站房到终点站房排列，"序号"列从 1 号开始至终点站房结束，第二条线路"序号"列则从 1 号重新开始编号。

（8）在作业过程中出现遗漏的电缆井，遗漏电缆井名称统一命名为："路名#×××-1"，如某某路#002 与某某路#003 电缆井之间遗漏一电缆井，则该遗漏电缆井命名为"某某路#002－1"。

（9）一条道路有多条电缆线路穿过，为避免命名重复，以字母 AB 区分开，如某某路#002A、某某路#002B。

25. 配电站房地理空间数据采集要求

（1）采集站房（开关站、配电室、箱式变等）中心点坐标，无法直接采集中心点坐标的，应采集多个特征点解算出中心点坐标。

（2）拍摄能清晰看到站房外观的照片一张，并拍摄站房铭牌照片。（单位人力、物力和时间不具备的情况下可先不拍摄或只拍摄部分照片，后续再安排补充）。

（3）记录站房的名称、类型、所属线路、运行编号、地点等相关信息。如果有条件，记录现场站房连接设备。

26. 用电地理空间数据采集要求

用电地理空间数据采集的内容主要是大用户（包含重要、高危用户等）的用户站或用户变空间位置坐标信息，具体采集内容包括：

（1）对于用户站，采集变电站四个角的经纬度坐标，并记录用户标识、用户名、变压器台数等用户站信息，根据变电站四个角的对角线推算用户站的中心点坐标。

（2）在采集用电数据的同时记录用户标识、电压等级、用户名、变压器台数等相关信息。

27. 公共设施地理空间数据采集要求

公共设施数据采集的主要内容包括电缆井、检查井、工井、电缆通风、电缆沟等设施。公共设施对数据精度的要求相对较高，数据坐标误差不大于 0.3m。

（1）对于检查井/工井可采用如下方式进行数据采集：采集检查井/工井中心坐标，并记录检查井/工井的名称，对于没有铭牌的检查井/工井，需装订临时铭牌。翻开井盖绘制检查井/工井断面草图，并记录电缆孔占用情况（有条件的需要记录电缆孔占用线路信息）；并根据实际情况测量工井尺寸、检查井/工井深度等尺寸信息，供后续在地理信息平台中绘制正式的检查井/工井剖面图。拍摄检查井/工井照片多张（检查井/工井全貌照片一张、检查井/工井铭牌一张）。记录电缆通风口的编号、运行状态、所属隧道/电缆沟、运行单位、所在区域等信息。

（2）对于电缆通风口这类在地面有标识的公共设施，可采用如下方式进行数据采集：采集电缆通风口的经纬度坐标；记录电缆通风口的编号、运行状态、所属隧道/电缆沟、运行单位、所在区域等信息。

（3）对于电缆防火墙、电缆隧道拐点、电缆沟拐点、管道拐点这几类在地面没有明显标识的公共设施，其空间位置数据采集方法相同，只是记录的属性数据不同。对于有图纸资料的，可以参考图纸资料使用地图标绘法；对于无图纸资料的，数据采集可采用以下方式：用地下管线探测仪用于对地下设施进行探测定位，确定要采集的设施在地表的投影。探测到目标后采用高精度 GPS 设备进行精确定位。记录地下设施的深度及位置信息。记录地下设施的名称、运行编号、运行单位等相应的属性信息。

28. 电网设备空间数据采集作业要求

（1）杆塔坐标采集时外业采集人员必须站在设备旁边 GPS 设备与杆塔之间的距离不能超过 20cm。

（2）电缆井坐标采集时采集人员站在井盖上面进行采集，测量其中心点坐标、高程。

（3）电缆沟测量两端中线点和拐角中线位置。

第二节　台 账 录 入 要 求

1. 电系铭牌概念

电系铭牌即设备双重命名，是指在电力系统中按照有关规定确定的电气设备中文名称和编号。为实现与 OMS2.0 系统互联、实现设备与图形的关联，PMS2.0系统引入了电系铭牌概念，变电一次设备、配电架空线路、配电站房、配网低压等设备台账维护前必须新建电系铭牌。

2. 设备台账概念

设备台账是正确反映、证明和保证运行和检修过程质量状态的重要技术资料，是设备全寿命周期健康状况的完整记录和设备实施状态检修工作不可缺少的重要依据，是生产设备的基础性数据，是掌握企业设备资产状况，反映企业各种类型设备的拥有量、设备分布及变动情况的主要依据。

3. 设备台账管理目的

设备台账管理实现从设备采购到使用、报废的整个生命周期管理，实时反映设备的运行状况，建立设备和资产的对应关系，实现跨系统信息共享，减少数据冗余。在设备台账管理基础上，建成相应的设备运行和资产维护的数据库，进行设备运行与维护成本经济效益管理，进行有关投资分析和辅助决策支持。

4. 设备运行状态

在生产业务管理中，电网设备运行状态变化、设备位置改变统称为设备变更。在 PMS2.0 系统中，设备变更管理主要是对设备运行状态（未投运、在运、退运、现场留用、库存备用、待报废、报废等）、设备位置变化的记录和操作过程进行管理。设备状态分为未投运、在运、退运、现场留用、库存备用、待报废、报废共七种状态。各类状态的定义如下：

（1）未投运：指设备已经安装到现场，并且未执行发电批准书，包括在建设备和待用间隔设备。

（2）在运：指设备已经安装到现场、且已执行发电批准书、经投运后具备调度铭牌，包括调度上的运行状态、热备用状态、冷备用状态和检修状态，不包括待用间隔设备。

（3）退运：指设备依据退运批准书（或退运命令）从运行位置上退出的过程。退运后的设备状态包括现场留用、库存备用和待报废。

（4）现场留用：对于站房类设备，指执行退运批准书（或退运命令）进行退运后仍安装在原位置或拆除后放置在站房中；对线路类设备，指线路停运后未拆除。

（5）库存备用：包括设备退运后从现场拆除入库、新购置直接入库的设备和随工程项目配置的已入库备品。

（6）待报废：指设备退运后，经技术鉴定后已经明确需要报废，但还未执行报废手续的设备或备品。

（7）报废：指设备已完成报废手续、纳入报废处置流程进行处理。

5. 设备台账参数

PMS2.0 系统设备台账包含运行参数、资产参数、物理参数、调度运行参数、统计参数。运行参数与设备的安装位置、所属地市、运行单位、维护班组、投运日期、设备状态等有关系。资产参数与设备的投资主体有关系，涉及资产性质、资产单位、工程名称、设备增加方式，设备增加方式包括基本建设、技术改造、投资者投入、融资租入、债务重组取得、接受捐赠、无偿调入、盘盈、其他。物理参数包括设备的型号、厂家、出厂日期、额定电压、额定电流等与设备特性有关的信息。调度运行参数包含调度管辖权、调度操作权、调度许可权、调度监控权等信息，一般由 OMS2.0 系统维护后回填到 PMS2.0 系统。统计参数从运行记录中获取，如变压器的累计调档次数。

PMS2.0 系统设备台账按照数据类型又可分为字符型、日期型、数字型参数。

字符型参数一般有设备名称、运行编号、资产性质、资产单位、间隔单元、设备型号、生产厂家等，不同设备类型的字符型参数字段不相同，字符型参数既有从系统标准参数库选择，也有手工录入的情况。字符型参数完善了台账的信息，有利于发挥台账的价值。

字符型参数录入的基本要求是设备的型号、生产厂家、专业分类、资产性质、资产单位、运行状态要求维护正确。对变电设备，如电压互感器的额定电压比、电流互感器的额定电流比、运行变比等影响到定值计算，这类参数不允许填写错误。输电设备台账如导线最大允许电流影响到融冰方案编制，否则融冰电流过大将造成导线脱离。配电设备地区特征、城网/农网、资产性质、产权归属、运行状态、电压等级、重要程度、供电区域，这部分参数直接影响配电设备规模统计，必须维护完整且准确。有的参数存在关联关系，如地区特征为市区、市中心区、城市郊区、县城区，而城网/农网的字段应选择为"城网"；地区特征为县域农村、乡镇中心，而城网/农网的字段应选择为农网。

型号必须填写正确，否则影响到相关参数的准确性，如型号与箱式变压器类型不对应（如型中含有 ZB，箱式变压器类型非美式；型号中含有 YB，箱式变压器类型非欧式）。

对于日期型参数，包括出厂日期、投运日期、最近一次投运日期。按设备铭牌，出厂日期应早于投运日期。投入日期指的是设备第一次投入系统带电运行的时间，而最近投运日期是指设备发生异动，从退役到再利用的日期，最近投运日期不能早于投运日期。对于线路投运日期一般填写形成现有线路名称的时间，全线重建的线路填写新投运日期，对于剖接、异动的以更名日期为准。

数字型参数常见有线路长度、导线截面、额定容量、额定电流等信息。设备的额定电流要严格填写正确，影响到方式转换、融冰方案编制。

如断路器遮断容量用来表征断路器开断能力的参数，在额定电压下，断路器能保证可靠开断的最大断路器电流，就是额定开断电流。在实现方式安排时，应保证断路器的遮断容量大于安装处的最大短路容量，否则应选用更大容量的断路器或则进行改造。

6. 设备台账录入及时性要求

对新投具备电系铭牌的设备，若是主网设备，运维单位需在设备投运前 15 个工作日内完成电系铭牌申请；若是配网设备，运维单位需在设备投运前 5 个工作日内完成电系铭牌申请。

新投生产辅助设施图形在设备投运后 10 个工作日内完成维护、审核工作。

新投电站/线路，运维单位在投运前 7 个工作日完成电站/线路信息的维护及审核工作（包括在调度系统电系铭牌的申请），在投运前 3 个工作日内完成发布及调度确认，输电设备台账在投运前 3 个工作日内录入系统；电缆设备台账在投运前 3 个工作日内录入系统；变电设备台账在投运前 3 个工作日内录入系统；配电关联铭牌的设备台账在投运前 3 个工作日内录入系统。

新投站内一次间隔，在间隔单元投运前 5 个工作日完成间隔单元新增。

新投站内控制及保护装置（系统），设备运维人员在间隔单元维护后 2 个工作日内，至少在间隔单元投运前 3 个工作日完成维护、审核工作。

新投自动化设备，设备运维人员在设备投运前 3 个工作日内完成维护、审核工作。

新投低压设备，运检与营销以低压用户接入点为分界点，低压用户接入点及以上设备为运检人员维护，低压用户接入点以下设备为营销人员维护，用户接入点和用户的关联由营销完成。根据设备管理职责，在 20 个工作日内完成低压设备台账维护。

新投生产辅助设施，设备运维人员在设备投运后 10 个工作日内完成维护、审核工作。

备品备件信息发生变化时，应在 7 个工作日内完成台账信息修订。

工器具及仪器仪表台账在设备到货后由责任人在 7 个工作日内完成台账维护。根据工器具及仪器仪表定期校验和检查情况，在 3 个工作日内完成台账修订，并根据定检结果及设备运行情况在系统中发起设备报废操作。

7. 设备台账录入的规范要求

（1）安装日期、出厂日期：对于在设备铭牌上查不到此参数的，可查找试验报告、保护日志、图纸、说明书等有关资料；针对某些设备数据查不到的，可结合停电检修核对后填写；对知道年份但具体日期记不清的可填"××××年1月1日"。

（2）对于有计量单位的参数，需要严格按照指定的单位填写。

（3）电压单位用"kV"，注意区分大小写，不能用"KV、kv、Kv"。

（4）名称编号中的非汉字字符一律使用半角字符，且不能有空隔及"∧、'、%、&、*、$"等字符。如编号中"－"用半角，不能用全角"－"；数字用"123…"等，不能用"１２３…"等。

（5）生产厂家严格按照铭牌参数填写，不能选用改名后的生产厂家名称。

（6）对于填写带有小数的参数，在没有明确说明小数位时，按照小数点后两位填写。

（7）指定了内容选项的参数，只能选择其中的一项进行维护，不允许手工输入。

（8）填报方式种类有自动生成、手工选择、手工录入、手工选择或手工录入。

（9）自动生成：由系统自动生成，且不能修改。手工选择：直接选取标准代码。手工录入：直接录入参数或内容。手工选择或手工录入：既可以手工选择，也可以手工录入。

（10）图片、文件、日期的填报方式统一为手工选择。

（11）电站和线路维护台账属性参数同时，应维护设备的专业班组，满足其他专业数据应用要求。

8. 变电设备录入要求

变电站包括交流变电站、直流换流站和开关站。站内设备包括变电一次设备、继电保护设备与安全自动装置、自动化设备、交直流电源设备、防误装置、生产辅助设备及生产建筑物等。

交流一次设备：变电站、主变压器、所用变压器、接地变压器、断路器、隔离开关、熔断器、母线、电抗器、电流互感器、电压互感器、组合互感器、电力电容器、耦合电容器、避雷器、消弧装置、组合电器、开关柜、放电线圈、避雷针、绝缘子、穿墙套管、阻波器、结合滤波器、接地网、站内电缆、隔直装置、静态无功补偿器、静止无功发生器、串联补偿装置、滤波电容器、交流滤波器、充气柜。

控制及保护装置（系统）：线路保护、母线保护、变压器保护、断路器保护、电容器保护、电抗器保护、站用电保护、接地变压器保护、备用电源自投装置、频率电压紧急控制装置、失步解列装置、安全稳定控制装置、过负荷减载装置、补偿控制装置、同期并列装置、小电流接地选线装置、消弧线圈控制器、母线有压检测装置、故障录波器、故障测距装置、保护故障信息系统子站、测控装置、操作箱、电压切换箱、端子箱、收发信机、保护专用载波机、光电转换装置、保护管理机、电压并列装置、断控单元、合并单元、智能终端、合并单元智能终端装置集成、光纤通信接口装置、过程层交换机、二次屏、继电器、保护及自动装置插件。

按系统建立的主设备台账：站用电系统，直流电源系统，交直流一体化系统，自动化系统，消防系统、防误闭锁装置、工业电视及广播系统、安全警卫系统、排水系统、空调装置、照明系统、房屋土建设施。

注意，变电站内 380V 设备不单独创建台账，归属在站用电系统中。

9. 变电设备分相创建原则

变电设备台账，要根据设备实际情况，区分三相一体和三相独立、主、子设备，以及按套建立自动化、直流电源系统、微机防误、站用电系统等成套装置。变电设备应基于三个原则创建：① 原则上三相一体的不分相创建，作为整体录入为一台，如 220kV 及以下主变压器根据以上原则作为一台创建；② 35kV 及以上电压等级的电流互感器、电压互感器、避雷器分相建立；③ 35kV 以下不分相。变电设备分相创建原则如表 2-3 所示。

表 2-3   变电设备分相创建原则

序号	设备类型	创建规则
1	主变压器	三相主变压器整体为一台，分相主变压器分相建立，即为三台。 中性点间隙及间隙 TA 作为主变压器附件录入
2	所用变压器	不分相，整体为一台，接地站用变压器录入为所用变压器类型
3	接地变压器	不分相，整体为一台，独立接地变压器录入为接地变压器
4	断路器	不分相，按三相整体录入
5	隔离开关	不分相，三相整体为一台录入；隔离开关附带的接地隔离开关作为隔离开关的附件，不单独建立台账，单独的接地刀闸需单独建立台账。隔离小车作为隔离开关分类单独建立台账
6	母线	不分相按段建立，每段为一台； 通过导线直接连接的同一电压等级的两段母线作为一台设备建立
7	熔断器	不分相，按三相整体录入
8	电抗器	220kV 及以上设备分相建立，其他电压等级设备则不分相
9	电流互感器	35kV 及以上电压等级分相建立，35kV 以下不分相。 主变中性点间隙 TA 作为主变压器附件建立，不单独建立台账
10	电压互感器	35kV 及以上电压等级分相建立，35kV 以下不分相
11	组合互感器	分相设备分相建立，整体设备则不分相
12	电力电容器	不分相
13	耦合电容器	分相建立
14	组合电器（GIS）	按照"电气间隔"类型划分为"开关间隔"和"母线间隔"建立，不分相
15	开关柜	按台柜建立台账，每台柜为一台
16	避雷器	35kV 及以上电压等级分相建立，35kV 以下不分相
17	消弧装置	按设备整体建立
18	放电线圈	不分相

序号	设备类型	创建规则
19	避雷针	独立避雷针每根单独建立
20	穿墙套管	35kV 及以上电压等级分相建立，35kV 以下不分相。 穿墙套管式 TA 设备按 TA 类型录入
21	阻波器	分相建立
22	绝缘子	绝缘子设备应建立在母线单元中，不再单独分类
23	电力导线（导流排）	不分相，主变压器低压侧母线桥（排）应录入
24	电力电缆	不分相，按间隔建立台账；从开关柜到 1 号杆的电力电缆归配网专业创建，变电专业只创建电容器、站用电、融冰电缆等的台账
25	接地电阻	不分相
26	接地网	按站建立
27	隔直装置	按套建立，创建在主变压器间隔下面

10. 变电组合电器创建原则

PMS2.0 系统中组合电器及组合电器内的各元件设备应作为独立的设备进行台账录入和管理。组合电器设备统一按照电气间隔作为最小统计单元进行统计，取消按"套"统计的方式。组合电器设备按照电气间隔类型可划分为开关间隔和母线间隔两大类。

11. 变电间隔单元创建原则

220kV 及以下交流变电站使用的主要间隔单元分类及划分规范如下：

（1）出线间隔单元：以出线为主体的回路设备为一个单元；包含从母线侧隔离开关（含母线侧隔离开关）至本回线路的所有变电设备（含线路挂接的站用变压器、电抗器等）；3/2 接线的出线从边断路器及两侧隔离开关至本回线路的所有设备为一个单元。

（2）主变压器间隔单元：以一台主变压器主体设备为一个单元；包含变压器本体及各侧中性点设备，不含引线外的设备。

（3）主变压器进线间隔单元：以一个主变压器断路器为主体的回路为一个单元，包含从母线侧隔离开关（含母线侧隔离开关）至主变压器引线之间的所有设备。3/2 接线中为连接主变压器回路的边断路器本体及两侧隔离开关至主变压器引线之间的所有设备。

（4）母线间隔单元：以一段母线为主体的设备为一个单元，对于通过导线直接连接的两段母线划分为一个单元；包含母线各回路隔离开关以内的设备，

含未通过断路器与母线相联地辅助设备，如电压互感器、避雷器、接地刀闸、融冰隔离开关等

（5）母联（分段）开关间隔单元：以连接两段母线的断路器为主体的回路设备为一个单元；包含两条主母线侧隔离开关（含母线侧隔离开关）以内的所有设备。

（6）桥开关间隔单元：包括桥型接线的连接断路器及两侧隔离/接地开关、电流互感器等。

（7）旁路间隔单元：以连接主母线与旁路母线的断路器为主体的回路设备为一个单元；包含主母线与旁路母线侧隔离开关（含母线侧隔离开关）以内的所有设备。

（8）站用变压器（接地变压器）间隔单元：以站用变压器（接地变压器）为主体的回路设备为一个单元，包含从母线侧隔离开关（含母线侧隔离开关）以下的所有设备。当站用变高压侧无专用断路器而并接在其他线路或直接接在母线上时不单独划分单元。

（9）电容器间隔单元：以并联电容器为主体的回路设备为一个单元，包含从母线侧隔离开关（含母线侧隔离开关）以下的所有设备。

（10）电抗器间隔单元：以并联电抗器为主体的回路设备为一个单元，包含从母线侧隔离开关（含母线侧隔离开关）以下的所有设备。

（11）公用间隔单元：母线保护、失灵保护、频率电压紧急控制装置、备用电源自投装置、电压并列装置、故障录波器、同期并列装置、安全稳定控制装置、故障测距装置、保护故障信息系统子站、通信装置等全站类设备以及无法分间隔的二次设备台账。

12. 输电设备录入有哪些要求

由调度人员在OMS2.0系统创建设备铭牌，运检人员根据铭牌创建台账，输电设备不存在间隔创建分类，输电线路台账创建存在同杆架设、混合线路、跨区维护、开π、改切等情况。输电专业仅输电线路、线路避雷器两类设备存在需创建的电系铭牌，其余输电设备均不需要。

输电线路的创建规则与变电站内一次设备的创建不同，变电设备只要提前创建对应的设备电系铭牌，图形和台账可同步创建；而输电线路则必须是先在PMS2.0系统图形客户端内创建对应的输电线路、杆塔、导线、电缆、电缆终端头等设备，图形发布后，才可以再在对应的台账维护侧找到该线路设备台账，进行新建台账缺失字段信息的维护以及后续杆塔设备下附属金具、绝缘子的台

账创建。

混合线路的架空台账及电缆台账分别由不同的工区或班组进行维护，应首先由架空维护班组先维护完整的架空台账（包括杆塔、绝缘子等）、再分配权限给电缆班组维护电缆台账。对于跨区域维护的线路，采用由一个地市单位或省公司创建，再通过权限分配的方式，使其他地市公司可以维护所辖范围的杆塔台账。

输电线路总长度=架空线路长度+电缆线路长度。线路长度计量单位为 km。架设方式为"架空"的，电缆线路长度应为 0；架设方式为"电缆"的，架空线路长度应为 0；架设方式为"混合"的，架空和电缆线路长度值均不为 0。主线线路长度应维护为整条线路总长度（包含支线、分段线路）。

输电线路起终点位置：如果该线路起点（终点）类型为间隔，起点（终点）位置从变电站的间隔单元中进行选择；如果该线路起点（终点）类型为杆塔，终点位置从杆塔中进行选择；如果该线路终点类型为电缆 T 接头，起点（终点）位置从电缆 T 接头中进行选择。

杆塔附属设施：主要填写避雷装置、在线监测装置、防坠装置，升高基础的爬梯、防鸟装置、航空障碍装置等，标准的三牌可不填。

对于拉线金具，系统不需要进行设备台账的维护。

杆塔档距要求在小号侧杆塔录入，即 5 号杆塔的档距是 5～6 号杆塔之间的档距。

投运日期：填写形成现有线路名称的时间。全线重建的线路填写新投运日期；对于剖接、异动的以更名日期为准；大型改动情况在备注栏说明。

起点开关编号：变电站名称（电厂、开关站、升压站）第 1 个汉字＋线路出线间隔编号。支线：起点是杆塔的，不填。

支线需要单独录入，主线与支线分开。调度未明确的，支线名称加括号。

导线分裂根数只能选择"1、2、4、6、8"，不能填写其他值。

设计、施工或监理范围：有分段设计、施工、监理的写明具体区段，具体到杆号。没有分段的填写全线。

主杆埋深：针对水泥杆填报，等径杆塔埋身统一，锥形杆塔埋深根据杆高不同情况填写。

相序：以线路前进方向分左/中/右、上/中/下排列方式。

金具安装距离：阿拉伯数字，精确到一位小数。

间隔棒记录必填，要求填写前侧次档距，以逗号分隔。如 30、40、45、55、

55、40…

防振锤记录必填，要求填写前档内防振锤的安装距离。

接续管等记录选填安装距离。

杆塔附属设施：主要填写避雷装置、在线监测装置、防坠装置，升高基础的爬梯、防鸟装置、航空障碍装置等，标准的三牌可不填。

电缆编号：对于纯电缆，填写变电站名称第一字+起点编号间隔；对于混架电缆，变电站第一字+间隔编号—杆号，带 T 接头的电缆作为特殊情况处理。

13. 配电设备录入要求

配网运检人员对电网设备设施台账维护的主要任务是完善设备台账，包括资产归属信息、设备技术参数、技术资料、投运前信息、设备照片等。设备厂家、型号及设备技术参数信息来源于物资采购、招投标及型号标准库；设备投运前信息来源于工程责任部门提供的项目竣工设备清册，主要包括设备台账、招标技术规范、出厂试验报告、交接试验报告、安装验收记录、新（扩）建工程有关图纸等纸质和电子版资料等。

在配网设备设施台账图形维护时，需要保证设备维护入口唯一，确认设备工程归属、资产归属信息，保证设备技术参数规范、完整和准确，设备资料完备。

（1）站房及站内设备维护：维护开关站、配电站/室、环网柜、箱式变电站、低压配电箱、低压无功补偿箱等站房设备的资产归属信息、技术参数、技术资料和设备投运前信息等台账信息，并在信息发布前根据精确地理位置调整设备图形。

维护配电变压器、配电所用变压器、母线、断路器、隔离开关、负荷开关、熔断器、手车、电流互感器、电压互感器、避雷器、电抗器、电容器、带电指示器、故障指示器、继电器、接地线、站内电缆、站内电缆终端头、DTU 站所配电自动化终端等站内设备的资产归属信息、技术参数、技术资料和设备投运前信息等台账信息。

（2）线路设备维护：线路类型须与电缆、架空线路长度值相符。架设方式为"架空"的，电缆线路长度应为 0；架设方式为"电缆"的，架空线路长度应为 0；架设方式为"混合"的，架空和电缆线路长度值均不为 0；线路总长度=架空线路长度+电缆线路长度，架空线路长度=绝缘线长度+裸导线长度；录入线路长度时，须注意应以 km 为计量单位。

（3）架空线路设备维护：配网运检人员需要对架空线路设备的台账信息进

行维护，其中杆塔、导线等基础台账信息通过图形维护，此处维护资产归属信息、技术参数、技术资料和设备投运前信息等，并在信息发布前根据精确地理位置调整设备图形；避雷器、杆上附属设备等在确定安装位置后进行维护。需要维护的设备类型主要包括物理杆塔、运行杆塔、绝缘子、金具、导线、柱上变压器、柱上断路器、柱上负荷开关、柱上隔离开关、柱上跌落式熔断器、柱上电流互感器、柱上电压互感器、柱上故障指示器、柱上重合器、柱上电容器、组合式互感器、接地环、柱上避雷器、FTU 等，同时需要对配网线路、馈线等属性信息进行管理。

（4）电缆线路设备维护：运检人员需要维护全电压等级的电缆线路设备，通过图形维护基础台账信息后，此处维护资产归属信息、技术参数、技术资料和设备投运前信息等，并维护电缆的变动记录信息。主要包括电缆（包含电缆终端头、电缆中间接头）、导引电缆、电缆分支箱、电缆接地箱、电缆换位箱等设备。

（5）低压设备维护：配网运检人员维护的低压设备按照台区管理，需要对低压台区的信息进行维护，包括设备主人、名称、电压等级、低压杆塔数量、低压线路数量、电缆数量、电缆分支箱数量、装接容量等信息。低压设备包括低压架空线路类设备、低压电缆线路类设备，通过图形维护基础台账信息后，此处维护资产归属信息、技术参数、技术资料和设备投运前信息、所属台区等，并在信息发布前根据精确地理位置调整设备图形。维护的设备类型主要包括低压导线、低压物理杆塔、低压运行杆塔、低压柱上断路器、低压柱上负荷开关、低压柱上隔离开关、低压柱上熔断器、低压电缆、低压电缆终端头、低压电缆中间接头等。

（6）辅助设施维护：配网运检人员维护的辅助设施主要是地下管道辅助设施，此处需要维护辅助设施的资产归属信息、技术参数、技术资料和设备投运前信息等，并在信息发布前根据精确地理位置调整设备图形。需要维护台账的设备类型主要包括电缆沟（包括电缆防火墙、电缆通风口、电缆竖井等）、检查井/工井、电缆桥、电缆终端站等。

14. PMS2.0 系统与 ERP 系统接口规则

PMS2.0 系统与 ERP 系统集成采用"数据中心+ESB"方式进行设备台账参数的信息交互。主要应用 PMS2.0 系统实物资产设备同步、实物资产退役报废管理、实物资产再利用管理、备品备件管理、调拨管理、实物资产评价分析、实物资产统计分析等模块。

实物资产设备同步包含功能位置同步和设备主数据同步。

功能位置同步：运检部门维护变电站（根据需要可扩展到间隔）、线路、站房等信息时，通过维护设备层次结构数据来描述设备的安装及运行位置信息，按照 PM 的功能位置编码规则生成功能位置编码，通过接口将功能位置主数据信息传输至 ERP 系统，实现设备树的概念。

设备主数据同步：项目竣工后，项目管理单位将符合建资条件的竣工设备清册提供给项目验收单位，生产验收组根据竣工设备清册进行现场验收核对，验收通过后，形成设备清册，生产运维人员按照设备清册（以及设备分类与固定资产分类关系)建立 PMS2.0 系统设备台账并与调度下达的设备调度命名关联，同步到 PM 生成设备台账；财务部门固定资产核算人员审核设备台账联动生成资产卡片；资产卡片成功生成后，将资产卡片号回填到与之对应的 PM 设备台账和 PMS2.0 系统设备台账中；PM 将设备与资产的对应关系反馈给 PMS2.0 系统。

15. PMS2.0 系统与 ERP 系统接口设备对应方式

（1）主设备和资产一一对应。站内交流一次、站内换流一次、站内二次主设备分类和固定资产细类为一对一的关系，如输配电线路、站内一次主设备（非组合设备内设备）、站内一次组合设备（开关柜、组合电器、环网柜等）、交直流保护装置等。

（2）设备打包和资产对应。设备打包对应主设备或相应固定资产细类，如线路导线、地线、柱上隔离开关按照单条线路打包；组合设备内设备按照组合设备打包；低压设备按照台区打包。

（3）系统对应。按照系统对应固定资产细类，系统中设备资产归入所属系统。如自动化系统、微机防误装置、站用电系统、交直流一体化系统、直流电源系统、消防系统、安全警卫系统等。

16. PMS2.0 系统与 ERP 系统接口设备关系

PMS2.0 系统与 ERP 系统同步接口的设备形成固定资产，成为主设备；其他附属设备、打包的设备作为重要组成设备，成为子设备。主设备和子设备设备编码不同，但公用一个资产卡片号。PMS2.0 系统与 ERP 系统设备台账主子关系如表 2-4 所示。

表 2-4　　　　　PMS2.0 系统与 ERP 系统设备台账主子关系

PMS 设备类型	设备台账主子关系
输电线路	（1）输电线路线路性质为"主线"作为主设备，填写"分段线路""支线"为子设备。 （2）输电线路下杆塔、导线、绝缘子、地线、电缆段、电缆终端、电缆接头为子设备

PMS 设备类型	设备台账主子关系
开关柜	开关柜为主设备，开关柜内母线、断路器、隔离开关、避雷器、电流互感器等为子设备
断路器	（1）组合电器或开关柜内断路器，均为子设备。 （2）户外配电装置断路器，组合设备类型为否，均为主设备
隔离开关	（1）组合电器或开关柜内隔离开关，均为子设备。 （2）户外配电装置隔离开关，组合设备类型为否，均为主设备。 （3）接地隔离开关，组合设备类型为否，且所属隔离开关字段为空，均为主设备；组合设备类型不为否，或所属隔离开关字段不为空，为子设备；组合设备类型为接地变成套装置，为子设备
电流互感器	（1）组合电器或开关柜内电流互感器，均为子设备。 （2）户外配电装置电流互感器，组合设备类型为否，均为主设备
电压互感器	（1）组合电器或开关柜内电压互感器，均为子设备。 （2）户外配电装置电压互感器，组合设备类型为否，均为主设备
电力电容器	电力电容器为主设备
电容器组避雷器	（1）组合电器或开关柜内电容器组避雷器，均为子设备。 （2）户外式，组合设备类型为否，均为主设备
避雷器	（1）组合电器或开关柜内避雷器，均为子设备。 （2）组合设备类型为否，均为主设备
放电线圈	放电线圈作为电力电容器子设备
消弧装置	消弧装置作为接地变压器子设备
电力电缆	电力电缆均为主设备
电抗器	（1）组合电器内电抗器，作为子设备。 （2）户外式电抗器，作为主设备
熔断器	（1）组合电器或开关柜内熔断器，户内式均为子设备。 （2）户外式均为主设备
穿墙套管	穿墙套管均为主设备
母线	（1）组合电器或封闭金属柜内母线为子设备。 （2）户外配电装置，组合设备类型为否，为主设备
阻波器	阻波器为主设备
组合电器	组合电器为主设备
主变压器	主变压器为主设备
避雷针	避雷针为主设备
所用变压器	站用变压器为主设备
接地网	接地网为主设备
接地变压器	（1）接地变压器为主设备。 （2）接地变压器的中性点设备，为接地变压器的子设备
组合互感器	组合互感器为主设备
耦合电容器	耦合电容器为主设备

续表

PMS 设备类型	设备台账主子关系
直流电源系统	（1）直流电源系统按套建立。 （2）蓄电池、充电屏（直流充电装置）、直流绝缘监测装置为子设备
站用电系统	（1）站用电系统按套建立，为主设备。 （2）站用电低压之后供本站使用的低压配电系统，不重复建 380V 断路器、隔离开关台账。 （3）动力箱、检修电源箱、事故照明切换装置、动力电缆为子设备
交直流一体化电源系统	（1）交直流一体化电源系统按套建立，为主设备。 （2）UPS 电源、蓄电池、直流充电装置、蓄电池巡检设备、空气开关、绝缘监察装置为子设备
继电保护及自动化装置	（1）线路保护、母线保护、变压器保护、断路器保护、电容器保护、电抗器保护、站用电保护、备用电源自投装置、频率电压紧急控制装置、安全稳定控制装置、过负荷减载装置、补偿控制装置、同期并列装置、小电流接地选线装置、消弧线圈控制器、母线有压检测装置、故障录波器、故障测距装置、保护故障信息系统子站、操作箱/电压切换箱、端子箱、收发信机、保护专用载波机、光电转换装置、保护管理机、电压并列装置、断控单元、合并单元、智能终端、合并单元智能终端装置集成、光纤通信接口装置、过程层交换机、独立继电器保护均为主设备。 （2）二次屏不形成资产，非主设备
自动化系统	（1）二次安全防护系统、变电站监控系统、集控站监控系统、电力市场技术支持系统、配电自动化系统、电能质量采集系统、调度数据网系统、能量管理系统、变电站综合自动化系统、智能电网调度控制系统为主设备。 （2）远动终端设备（RTU）、电量量远方终端、相量测量装置、调度数据网络接入设备、二次系统安全防护设备、时钟同步装置、计算机设备、存储设备、电源设备、远动采集设备、电能采集设备等一般建为子设备，在台账维护时"所属系统"不能为空
辅助设施	防误闭锁装置、辅助设施集成控制系统、消防系统、工业电视及广播系统、安全警卫系统、照明系统、工业水、生活水系统、排水系统、空调装置为主设备
配电线路	（1）配电线路线路性质为"馈线""主线"作为主设备，填写"分段线路""支线"为子设备。 （2）柱上变压器为主设备。 （3）杆塔、导线、柱上断路器、柱上负荷开关、柱上重合器、电缆分支箱、柱上隔离开关、柱上跌落式熔断器、线路避雷器、线路故障指示器、电缆段、电缆终端、电缆接头为子设备，按单条线路打包
环网柜	（1）环网柜为主设备。 （2）环网柜内不重复建开关柜。 （3）环网柜内母线、断路器、隔离开关、负荷开关为子设备，组合设备类型默认选择"环网柜"
箱式变电站	（1）箱式变电站为主设备。 （2）箱式变电站内配电变压器、母线、断路器、隔离开关、负荷开关为子设备，组合设备类型默认选择"箱式变电站"
配电室	（1）配电室不形成资产。 （2）配电室内配电变压器为主设备。 （3）配电室内一般建开关柜，开关柜内母线、断路器、隔离开关、负荷开关为子设备，组合设备类型默认选择"开关柜"
台区资产	新增"低压台区"模型，同步给 ERP 系统后其电压等级为 0.4kV，"低压台区"包含低压导线、低压杆塔、低压电缆、低压开关、低压电缆分支箱等低压设备资产，作为主设备同步至 ERP。对新模型上线后的增量数据，按以下原则设置功能位置：属于柱上变压器的低压台区，其功能位置与柱上变压器相同；属于配电站房（含箱式变压器）内的配变电压器的低压台区，其功能位置与所属配电变压器相同

17. PMS2.0 系统与 ERP 系统参数录入要求

（1）对于变电站内的组合电器、开关柜设备，系统只同步组合电器、开关柜到 ERP 系统，组合电器、开关柜下的断路器、隔离开关、电流互感器、母线、避雷器、电压互感器等设备组合设备类型不应填"否"。

（2）电容器成套装置、接地变压器成套装置、消弧线圈成套装置等组合设备录入其主设备台账，其所属子设备台账组合设备类型字段选择相应的电容器成套装置、接地变压器成套装置、消弧线圈成套装置。

（3）对于箱式变电站、电缆分支箱、环网柜下的母线、负荷开关、隔离开关等设备，组合设备类型应相应选择为"箱式变电站""电缆分支箱""环网柜"。

（4）对于配电室、开关站下面若有开关柜应建开关柜，开关柜同步到 ERP 系统，开关柜下面建负荷开关、母线、隔离开关组合设备类型选择开关柜。若无开关柜，则组合设备类型应选择否，则负荷开关、母线、隔离开关等设备同步到 ERP 系统。

（5）带接地刀闸的隔离开关只录入其主设备台账，接地刀闸不单独录入；仅独立接地隔离开关（例如母线地刀）单独录入台账。

（6）杆塔、绝缘子、导线、地线、电缆接头、金具等按国网公司固定资产管理办法属于固定资产重要组成设备或其他附属设备，不单独构成资产，作为固定资产重要组成设备按附属设备录入台账。

18. PMS2.0 系统与营销 SG186 接口对应的设备

营配贯通站线变同步包括电网设备以及设备间关系变化信息。

台账：变电站、开关站，输电线路（线路性质为主线），配电馈线、柱上变压器、配电变压器。

关系：变电站—线路关系、线路—线路关系、线路—变压器、变压器—接入点。

PMS2.0 系统的站线变数据写入中间库后设备标识（PMS ID）不得进行变更。电网 GIS 向中间库推送的变电站—线路关系、线路—变压器关系、变压器—接入点等设备关系信息其设备标识必须与 PMS2.0 系统的设备标识（PMS-ID）保持一致。PMS2.0 系统、电网 GIS 人工后台变更数据库电网设备及关系信息时须同步将变更信息写入到中间库。对于新增设备，要求设备和关系必须同步推送，对于设备退役（拆除），不需要推送关系，营销拆除设备后，自动删除关系。

PMS2.0 系统在设备新增变更时，将新增变更的设备台账通过图数一体化维护到数据库，同时再生成 PMS2.0 系统设备的唯一标识（OBJ_ID）及电网 GIS

平台图形唯一标识（OID）并在数据库中建立 OID 与业务 ID（OBJ_ID）的关联关系。PMS2.0 系统定时将新增变更的电网设备信息维护及 GIS 的关系数据推送至中间库；电网 GIS 平台经过图形拓扑分析将设备关系新增及变更信息写入中间库；营销系统依据 PMS2.0 系统推送至中间库的台账同步新增/变更自身台账信息，并依据台账关系信息，同步读取更新自身台账关系。营销系统通过基础数据平台上的物化视图向 PMS2.0 系统开放用户站线变等数据表的访问读取权限供 PMS2.0 系统提取使用。

PMS2.0 系统中进行设备变更流程时，如果同时对站线变的台账和图形进行了更改，在流程结束时会实时调用营销系统的接口将异动的站线变及拓扑关系同步至营销，PMS2.0 系统推送台账数据同时，分析台账关系，并推送至营销。PMS2.0 系统调用营销业务应用系统服务接收电网设备台账及关系数据，营销业务应用系统根据接收的数据及处理情况，返回成功或失败标识给 PMS2.0 系统。在营销 GIS 发布完成营销设备图形建模后，也通过该接口进行数据推送。

19. PMS2.0 系统与营销 SG186 电站同步范围

设备状态为发布，电站类型为变电站或者开关站（开闭所），变电站名称、运行状态、运维单位、电压等级不为空；资产性质为"用户"，运行状态为退役、库存备用、待报废、报废时推送到营销的状态为拆除。

20. PMS2.0 系统与营销 SG186 线路同步范围

线路及上级设备（变电站开关站）图形、台账均发布，电站出线的第一段线路，电压等级范围为 35kV 以下（不含 35kV），线路名称、运行状态、运维单位、电压等级、资产性质、是否农网不能为空；线路和变压器的台账信息的是否代维字段，需为"否"；资产性质为"用户"，运行状态为退役、库存备用、待报废、报废时推送到营销的状态为拆除。对于开关站引出的线路图形中所属上级线路应为"空"。

21. PMS2.0 系统与营销 SG186 配电变压器同步范围

变压器及上级设备（变电站、馈线）图形、台账均发布，设备名称、运行状态、运维单位、电压等级、额定容量、资产性质、维护班组、使用性质不能为空；与站内变压器关联的进线开关合闭；进入站房的第一条电缆或者导线是否有所属线路信息；变压器的使用性质为"公用变压器"；变压器的台账信息的是否代维字段，需为"否"；使用性质为"专用变压器"、运行状态为退役、库存备用、待报废、报废时推送到营销的状态为拆除。

22. PMS2.0 系统与营销 SG186 站线关系同步范围

电站—电站出线的第一段线路（公线为 35kV 以下，专线不区分电压等级，不包含代维专线），线路设备 id、电压等级、设备名称，起始电站、起始电站类型不为空，线路设备 id 不重复。

23. PMS2.0 系统与营销 SG186 线变关系同步范围

电站出线的第一段线路（含专线，不包含代维专线）—配电变压器（不包含代维专用变压器）。对于有图形及台账的配电变压器、线路，配电变压器类型、线路类型取台账的"使用性质"字段值；对于有图形无台账的配电变压器、线路，配电变压器类型、线路类型根据 apptype 字段值来取值，apptype 等于 5（即营销维护的图形）配电变压器类型、线路类型是专用变压器和专线，否则是公线公用变压器。

24. PMS2.0 系统与营销 SG186 配电变压器接入点关系同步范围

设备 id、设备名称、所属线路不为空的所有有挂接关系的接入点，取图形表的 sbid 字段值。

25. PMS2.0 系统与营销 SG186 接入点表箱关系同步范围

设备 id 不为空的所有有挂接关系的计量箱，取图形表的 sbid 字段值（sbid 字段实际存储的是计量箱的资产编号，故 sbid 获取的长度应小于 33 位）。

26. 同期线损系统与 PMS2.0 系统、营销 SG186、用电采集系统接口规则

（1）同期线损系统数据来源：

1）10kV 线路、配电变压器档案数据取自运检 PMS2.0 系统。

2）台区、用户、计量点、表计档案数据取自营销 SG186 系统。

3）线变、台变、户变关系取自 GIS 系统的营配贯通关系数据。

4）10kV 线路出线关口电量取自用电采集系统表底数和倍率计算获得。

5）0.4kV 台区供电量、售电量及专用变压器用户售电量取自用电信息采集系统表底数和倍率计算获得。

6）同期线损系统月同期线损中的供、售电量取数时间为本月 1 日零点至次月 1 日零点。

（2）PMS2.0 系统、营销 SG186、用电采集系统数据同步要求。

1）配网设备数据质量校核包括配电线路数据、公用配电变压器、专用配电变压器、线变关系和台户关系核对，见表 2-5。

表 2-5 配网设备数据质量校核

序号	设备类型	校核项	校核规则
1	配电线路数据	数据一致性	PMS2.0 系统各电压等级在运配电线路数量在 PMS2.0 系统和 GIS 系统中应一致
		数据完整性	PMS2.0 系统线路起始站、起始开关、电压等级、线路状态和调度单位不能为空
		数据有效性	PMS2.0 系统配电线路起始站、起始开关要和主网数据能够关联上，线路的专业分类应为"配电"
2	配变数据	数据一致性	GIS 平台中公用变压器总数要和 PMS2.0 系统保持一致，GIS 平台中专用变压器总数要和营销系统保持一致
		数据完整性	PMS2.0 系统配电变压器对应主线、配电变压器容量、配电变压器运行状态不能为空
		数据有效性	PMS2.0 系统配电变压器和营销档案中台区档案一一对应
3	线变关系	数据有效性	PMS2.0 系统在运配电线路下应有公用/专用变压器、一台配电变压器不能对应多条线路、PMS2.0 系统中公用配电变压器所在线路和 GIS 平台应保持一致，营销系统中专用配电变压器所在线路与 GIS 平台应保持一致
4	台户关系	数据有效性	PMS2.0 系统公用配电变压器下需有低压用户、公用配电变压器应有台区总表、公用配电变压器下不能有多块台区总表、按照配电变压器—接入点—表箱—表—用户获取的台户关系与营销系统中台户关系应一致、台区下不应有高压用户、专用变压器不应有低压用户

2）用电档案数据质量校核包括对高压用户、台区档案、低压用户、用户表计等档案数据进行校核，见表 2-6。

表 2-6 用电档案数据质量校核

序号	档案类型	校核项	校核规则
1	高压用户	数据完整性	用户计量点电压等级、用户运行容量、用户状态不能为空
		数据有效性	用户不能无计量点、用户计量点中不能无一级计量点（计量点级数不是 0 或 1）、高压用户应有专用变压器信息、专用变压器和计量点关系不能为空、一个专用变压器不能对应多个一级计量点、高压用户计量点接线方式不能为单相
2	台区档案	数据完整性	台区容量为空、台区状态不能为空
		数据有效性	台区不能找不到考核计量点、一个台区不能对应多个考核计量点、台区不能找不到配电变压器、台区下低压用户不能为空、台区总表倍率不能为1、台区总表接线方式不能为单相
3	低压用户	数据完整性	低压用户运行容量不能为空、低压用户状态不能为空
		数据有效性	低压用户不能没有计量点、低压用户不能属于多个台区
4	电能表	数据完整性	用电信息采集系统电能表生效日期、电能表倍率、电能表出厂编号、电能表资产编号不能为空
		数据有效性	电能表和计量点关系必须有对应关系

（3）同期线损系统模型生成条件见表 2−7。

表 2−7　　　　　　　　　　同期线损系统模型生成条件

配电线路模型生成条件	（1）线路类型为配电线路（line_class='03'）（运检 PMS）。 （2）线路运行状态为在运（运检 PMS）。 （3）线路起始开关能够通过开关计量点关系找到对应计量点（运检 PMS，营销系统）。 （4）开关—计量点关系为一对一（运检 PMS，营销系统）。 （5）线路起始站、起始开关不能为空，并且能够在变电站和开关表中找到在运的设备（运检 PMS）。 （6）高压用户至少有一个在运的顶级计量点（MP_LEVEL 为 0 或者 1）（营销系统）。 （7）高压用户对应的在运顶级计量点在计量点档案中所属线路不为空，且能够在线路中找到在运的线路（营销系统）。 （8）台区能够找到台区总表，台变关系、配电变压器计量点关系正确（营销系统）。 （9）台区对应的配电变压器在配电变压器档案中所属线路不为空，且能够在线路中找到在运的线路（运检 PMS）
台区模型生成条件	（1）台区状态为在运（RUN_STATUS_CODE='01'）（营销系统）。 （2）台区公专用变压器标志为公用变压器（pub_priv_flag='01'）（营销系统）。 （3）变压器运行状态为在运（run_status='01'）（营销系统）。 （4）计量点性质为考核（mp_attr_code='02'）。 （5）计量点主要用途类型为台区供电考核（usage_type_code='02'）。 （6）变压器所属线路不能为空且与线路档案相匹配（tran_line_idisnotnull）

第三节　图　形　录　入　要　求

1. 电网图形概念

电网图形主要包括地理接线图、压板图、电系图（单线图、电系联络图、全网图、站内一次接线图、仓位图）。红黑图机制是指设备图形标准化流程管理机制，能够保障未来模型（红图）和现实模型（黑图）的切换和更新，实现系统图形变更和设备变更流程的统一。图形数据是 PMS2.0 系统开展规划设计、停电检修、故障研判、故障定位等业务应用的基础，图形绘制不仅要求设备采集的地理空间坐标准确，质量精度满足生产应用，同时也要求绘制时图形布局均匀、大小适中，美观清晰。

2. 电网 GIS 绘图误差要求

绘制线路地理图时，需注意变电站与实际地理位置的误差不得超过 3m；输电杆塔与实际地理位置的误差不得超过 3m；输电电缆与实际地理位置的误差不得超过 0.3m，杆塔档距及柱上设备应与现场实际相符；配电杆塔与实际地理位置的误差不得超过 1.5m，杆塔档距及柱上设备应与现场实际相符；配电站房与实际地理位置的误差不得超过 0.5m；配电电缆与实际地理位置的误差不得超过 0.3m；低压设备（含低压杆塔、低压站房等）与实际地理位置的误差不得超过 1.5m，低压电缆误差不得超过 0.3m。

3. 电网 GIS 新投运线路操作步骤

杆塔坐标导入菜单路径：图形客户端→设备定制编辑—数据导入，要求坐标点批量导入模板中数据填写正确。在线路起始变电站出线点中添加站外超链接线，选择创建线路，关联已创建的线路铭牌，通过"杆线同布"完成线路图形绘制。图形绘制应做到图形布局合理、标注规范、美观。在浏览器界面台账维护进行输电线路、杆塔、导地线以及附属设施等信息维护。

4. 电网 GIS 切改线路操作步骤

图形客户端→任务管理操作说明：

（1）删除退役设备：定位至线路改造的杆塔，对需退役设备的图元删除。

（2）线路切改"线路2"处理：① 点击站外超链接线，刷新线路铭牌；② 导入新增杆塔设备，通过"杆线同布"完成线路绘制；③ 通过拓扑校验检测图形数据连通性；④ 对线路更新、杆号重排、导线重定义。

（3）"线路 3"处理：① 在线路起始变电站出线点中添加站外超链接线，选择创建线路并关联线路铭牌，通过"杆线同布"完成线路绘制；② 通过拓扑校验检测图形数据连通性；③ 对线路进行线路更新，杆号重排、导线重定义。

注意：

（1）切改前可利用"线打断"或大馈线的"批量打断导线"保证切改前后的节点能断开的搭接，保证拓扑连通。

（2）不允许通过"杆塔转换"打断导线。

（3）切改影响如选"否"，需人工维护线路关系。

5. 电网 GIS 新投运变电站操作步骤

进行坐标定位，输入准确的变电站坐标，开始变电站图形绘制。打开站内一次图，根据现场采集坐标、调度一次接线图和现场实际，完善站内一次设备的图元绘制和整体布局，做到图形一致、美观。

6. 电网 GIS 新投运配电站房、线路操作步骤

站房图形新建：进行坐标定位，输入准确的配电站房坐标，开始配电站房新建工作，根据现场配电站房的位置和面积进行配电站房新建，并根据调度一次接线图和现场实际，完善站内一次设备的图元绘制。

线路图形新建：图形客户端→设备定制编辑→数据导入→杆线同布，操作说明：批量导入物理杆坐标点，在起始电站的该线路站内出线点引出站外超链接线，并用"杆线同布"将线路完整绘制。

7. 电网 GIS 变电站图形绘制要求

（1）绘制变电站站内接线图时，电站布局及设备应按照变电站接线实际，整体布局上遵循上进到下出，左进右出的原则。接线图中进出线的排列顺序需和电站模拟图中的排列顺序一致。

（2）绘制站内图时应从高电压等级往低电压等级按间隔绘制；绘制间隔时，应保持间隔与间隔之间的距离相等，间隔内设备的大小保持一定的比例。

（3）绘制间隔内设备时，应按照电系图纸，按顺序依次从上往下进行绘制。间隔布置顺序与现场完全一致，即相邻间隔与实际情况完全一致。

（4）绘制完成的图形布局应合理、美观，设备、标注清晰可见，在打开站内图全屏情况下站内接线图在纵向、横向应尽量充满整个站框。

（5）部分电站出线间隔数量较多，可适当调整站房大小合理调整间隔位置，但是不同间隔不能同拓扑点。

（6）图形绘制时需要注意图元的相互间大小比例，存在大小不合适的图元可用设备属性中的符号大小进行调整。

（7）站内不得飞点飞线，所有出线必须按照实际敷设路径整齐排列出站。

（8）站框大小略小于影像图上变电站实际大小。

（9）站内主要元件（变压器、断路器、互感器、避雷器、隔离开关、母线等）数量与现场完全一致。

8. 电网 GIS 变电站一次图标注规范

（1）标注大小。变电站内设备应根据每类设备实际情况统一标注大小，保证合适的比例及整体的美观性。

（2）标注颜色。系统默认设备标注颜色和图元符号颜色保持一致，各单位可根据实际要求配置颜色，但要求所有站内设备标注颜色统一。

（3）标注位置。设备标注在设备附近，应能明确地分辨出所标注的设备；设备标注之间不应互相重叠，并且设备标注不应与设备重叠；进出线间隔标注排列方式应为垂直排列，开断类设备及其他设备标注排列方式应为水平排列。

（4）标注内容。开断类设备需标注其运行编号。

9. 变电站图形自查

（1）变电站位置。检查变电站位置是否存在偏移过大情况，若存在需进行移动；若变电站不满足移动条件则删除并在正确位置重新绘制。注意变电站移动前需进行校验是否满足移动条件，变电站重新绘制时需先将之前变电站以及站内设备所有铭牌进行释放。

（2）变电站面积。检查变电站面积是否存在与实际相差过大情况，若存在，需进行面积调整。注意，若变电站面积无法进行调整，需删除重新绘制。

（3）进出线。检查变电站进线出线数量是否正确、进出线所挂间隔是否正确以及进线是否带电。若存在问题，进行整改。变电站出线应该按照横平竖直方式排列出站，不能用连接线随意拉出站外，有电缆管道的必须按照电缆管道排列绘制。现场存在少量线路从站内电杆引出的情况，可适当调整站房大小和出线电杆位置，将电杆绘制在站外（注意不得超过规定误差范围），实在有难度的通过调整电杆图元大小，规范出线走向，将电杆摆放在站内空白位置处。

（4）站内完整性。检查站内设备数量的完整性，是否存在缺失或多余。若存在问题，进行整改。

（5）开关状态。检查变电站站内开关状态是否正确，若不正确，需进行开关置位。

（6）拓扑连通。对站内设备进行拓扑校验，检查是否存在拓扑不通的设备，若存在进行拓扑修复。

（7）带电着色。检查是否存在进线带电但变电站不带电情况，若存在进行拓扑修复。

（8）飞点飞线。检查变电站覆盖范围内是否存在飞点和飞线，若存在需进行移动或删除处理。

（9）图元符号。需确保同类设备图元符号大小一致，不可出现设备图元过大或过小的情况（所占网格数相同）。若存在问题，进行整改。

（10）出线间隔。多个出线间隔之间距离应保持一致；若出线间隔构造相同，需确保出线间隔所占网格数相同，间隔上设备符号大小，设备间距完全一致。若存在问题，进行整改。

（11）线穿设备。检查是否存在站内连接线穿过设备，若存在进行整改。

（12）多余连接线。检查是否存在多余站内连接线，若存在进行删除，并调整布局。

（13）连接线交叉。检查是否存在站内连接线交叉情况，若存在应尽量避免，合理调整布局。

（14）站内电缆。检查是否存在站内电缆，若存在进行删除，并调整布局。

（15）连接断层。检查是否存两设备连接处不在同一点上，若存在进行整改

（站内出线点断层情况居多）。

10. 电网 GIS 输电线路绘制要求

（1）线路地理图绘制时应按照实际地理位置进行线路建模工作。杆塔坐标批量导入 PMS2.0 系统图形客户端后，注意在确定导入前优先使用坐标点批量导入下方的"预览"进行物理杆塔地理图位置点的观察（技巧：Shift+C 漫游）。

（2）从变电站对应的新建线路出线间隔进行连线绘制时，注意必须是由站内间隔出线点至站外进行绘制，关联对应的线路铭牌，选择对应的线路属性。

（3）根据已导入地理图中的物理杆塔，利用"杆线同步"功能绘制的是输电运行杆塔、导线图元，因此，绘制前，必须梳理并选择描述清楚该新建线路杆塔材质、是否同杆、回路位置等信息准确完整，确保新绘制的杆塔、导线等设备信息与已存在的物理杆塔信息保持一致。

（4）多回线路绘制时，按照线路的实际地理位置进行绘制，严格按照从大号侧向小号侧的相对位置进行绘制。偶数回路架设的线路，中路不进行绘制；奇数回路架设的线路，中路需要进行绘制，确保回路在杆塔上对称排列，高、低压线路同杆时，低压线路应绘制在物理杆塔两端的回路上。

（5）线路避雷器应按照实际信息进行绘制，沿线路供电方向与线路形成的夹角大于 45°，拉出距离应控制在 1～3m（注：地理图上量测的实际距离）。

（6）电缆如果与管道进行关联埋设，电缆在管道的位置应与实际相符合。电缆如果有实际的走向，应按照实际进行电缆绘制。在没有实际的埋设路径时，应将电缆按照不穿越建筑物、尽可能不交叉、最短路径的原则，沿地理图中的街道进行摆放绘制。电缆设备需要有电缆终端头。

（7）变电站出线应该按照横平竖直方式排列出站，不能用连接线随意拉出站外，有电缆管道的必须按照电缆管道排列绘制。现场存在少量线路从站内电杆引出的情况，可适当调整站房大小和出线电杆位置，将电杆绘制在站外（注：不得超过规定误差范围），实在有难度的通过调整电杆图元大小，规范出线走向，将电杆摆放在站内空白位置处。

（8）图形绘制时需要注意图元的相互间大小比例，存在大小不合适的图元可用设备属性中的符号大小进行调整。

（9）完成整条输电线路的绘制后，须在图形客户端"设备导航树—输电设备树"内的验证对应的新建输电线路杆塔（运行）、导线、电缆（电缆段）等设备数量信息是否与批量导入物理杆塔信息一致，注意，输电导线的数量=耐张杆塔总数−1，也可根据设备类型、设备名称，采用"快速定位"功能查阅该线路子设备清单进行数量核定。

（10）输电线路不能直接与站内设备相连，必须使用超链接线。

（11）输电线路与站内设备以电缆方式连接的，绘制电缆，一端以超链接线连接站内设备，另一端连接站外第一基杆塔；以架空方式连接的，有龙门架的，在实际位置或变电站站框外绘制龙门架，以超链接线连接站内设备，没有龙门架的，从1号杆塔以超链接线连接站内设备。

（12）同杆并架线路应使用同一物理杆塔。

（13）导线、电缆和线路总长度一致。

11. 输电线路标注规范

（1）标注大小。地理图中的杆塔及线路设备标注大小应根据每类设备实际情况统一标注大小，保证合适的比例及整体的美观性。

（2）标注颜色。系统默认设备标注颜色和图元符号颜色保持一致，各单位可根据现场实际要求配置颜色，但要求所有站内设备标注颜色统一。

（3）标注位置。设备标注在设备附近，应能明确地分辨出所标注的设备；设备标注之间不应互相重叠，并且设备标注不应与设备重叠。

（4）标注内容。杆塔需标注其杆塔编号，开断类设备需同时标注其电系编号及设备名称，具体可根据各单位实际管理模式决定。

12. 输电线路图形自查

（1）线路走向。检查输电线路整体走向是否存在与实际偏移过大的情况，若存在，删除线路，并重新进行绘制或导入。检查输电线路是否存在部分设备坐标偏移过大情况，若存在，进行精确移动。

（2）线路完整性。检查输电线路是否存在设备缺失或多余的情况，若存在，进行整改。

（3）孤立杆塔。检查是否存在运行杆处于物理杆之外的情况，若存在，进行整改。

（4）杆塔性质。检查是否存在杆塔性质错误的情况，若存在，上报项目组处理。

（5）杆塔材质。检查是否存在物理杆材质错误的情况，若存在，进行整改。

（6）拓扑校验。对整条输电线路进行拓扑校验，检查是否存在拓扑不通的设备，若存在，进行拓扑修复。

（7）带电着色。检查是否存在变电站出线间隔带电，但线路不带电的情况，若存在，进行拓扑修复。

（8）杆塔进站。检查变电站覆盖范围内是否存在杆塔，若存在需进行移动或删除处理。

（9）进出线设备。检查输电线路的进出线设备是否为站外超连接线，若不是，进行整改。

（10）超连接线绘制规范。变电站出线应该按照横平竖直方式排列出站，不能用连接线随意拉出站外，有电缆管道的必须按照电缆管道排列绘制。现场存在少量线路从站内电杆引出的情况，可适当调整站房大小和出线电杆位置，将电杆绘制在站外（注：不得超过规定误差范围），实在有难度的通过调整电杆图元大小，规范出线走向，将电杆摆放在站内空白位置处。

（11）图元符号。需确保同类设备图元符号大小一致，不可出现设备图元过大或过小的情况。

（12）杆塔走向。检查是否存在同一耐张段内的杆塔不在同一直线上的情况，若存在，进行整改（杆塔拉直）。

（13）杆塔回路。检查是否存在运行杆塔回路位置错误的情况，若存在，进行整改（回路调整）。

（14）线路避雷器走向。线路避雷器应按照实际信息进行绘制，沿线路供电方向与线路形成的夹角大于 45°，拉出距离应控制在 1~3m（注：地理图上量测的实际距离）。

（15）线路交叉。检查是否存在两条线路交叉的情况，若存在，在交叉点添加弧线。

13. 电网 GIS 配电线路绘制要求

（1）线路地理图绘制时应按照实际地理位置进行线路建模工作。

（2）多回线路绘制时，按照线路的实际地理位置进行绘制，严格按照从大号侧向小号侧的相对位置进行绘制。偶数回路架设的线路，中路不进行绘制；奇数回路架设的线路，中路需要进行绘制；确保回路在杆塔上对称排列，高、低压线路同杆时，低压线路应绘制在物理杆塔两端的回路上。

（3）配电柱上设备的绘制应按照实际地理位置进行绘制，柱上变压器、柱上熔断器、柱上避雷器与线路的夹角应大于 45°，同一柱上变压器的附属设备应与变压器放在线路的同一侧。柱上开断类设备（柱上断路器、柱上隔离开关、柱上负荷开关等）应添加在所属杆塔上，并且按照实际线路侧进行绘制。

（4）电缆如果与管道进行关联埋设，电缆在管道的位置应与实际相符合。电缆如果有实际的走向，应按照实际进行电缆绘制。在没有实际的埋设路径时，应将电缆按照不穿越建筑物、尽可能不交叉、最短路径的原则，沿地理图中的街道进行摆放绘制。电缆设备需要有电缆终端头。

（5）变电站出线应该按照横平竖直方式排列出站，不能用连接线随意拉出站外，有电缆管道的必须按照电缆管道排列绘制。现场存在少量线路从站内电杆引出的情况，可适当调整站房大小和出线电杆位置，将电杆绘制在站外（注：不得超过规定误差范围），实在有难度的通过调整电杆图元大小，规范出线走向，将电杆摆放在站内空白位置处。

（6）图形绘制时需要注意图元的相互间大小比例，存在大小不合适的图元可用设备属性中的符号大小进行调整。

（7）配电线路走向与现场一致，重点是交通、河流跨越与图形一致，杆塔间距与图形基本一致，现场杆塔在一条直线上的，图形上也应在一条直线上。

14. 配电线路标注规范

（1）标注大小。地理图中的杆塔及线路设备标注大小应根据每类设备实际情况统一标注大小，保证合适的比例及整体的美观性。

（2）标注颜色。系统默认设备标注颜色和图元符号颜色保持一致，各单位可根据现场实际要求配置颜色，但要求所有站内设备标注颜色统一。

（3）标注位置。设备标注在设备附近，应能明确地分辨出所标注的设备；设备标注之间不应互相重叠，并且设备标注不应与设备重叠。

（4）标注内容。杆塔需标注其杆塔编号，开断类设备需同时标注其电系编号及设备名称，具体可根据各单位实际管理模式决定。

15. 配电线路图形自查

（1）线路走向。检查馈线整体走向是否存在与实际偏移过大的情况，若存在，删除馈线，并重新进行绘制或导入。检查馈线是否存在部分设备坐标偏移过大情况，若存在，进行精确移动。

（2）馈线完整性。检查输电线路是否存在设备缺失或多余的情况，若存在，进行整改。

（3）孤立杆塔。检查是否存在运行杆处于物理杆之外的情况，若存在，进行整改。

（4）杆塔性质。检查是否存在杆塔性质错误的情况，若存在，上报项目组处理。

（5）杆塔材质。检查是否存在物理杆材质错误的情况，若存在，进行整改。

（6）柱上变压器图元。检查是否存在公用变压器和专用变压器图元用错情况，若存在，进行整改。

（7）开关状态。检查柱上开关状态是否正确，若不正确，需进行开关置位。

（8）拓扑校验。对整条馈线进行拓扑校验，检查是否存在拓扑不通的设备，若存在，进行拓扑修复。

（9）带电着色。检查是否存在电站出线间隔带电，但线路不带电的情况，若存在，进行拓扑修复。

（10）飞点飞线。检查电站覆盖范围内是否存在杆塔或飞点、飞线，若存在需进行移动或删除处理。

（11）进出线设备。检查馈线和配电线路的进出线设备是否为站外超连接线，若不是，进行整改。

（12）杆塔走向。检查是否存在同一耐张段内的杆塔不在同一直线上的情况，若存在，进行整改（杆塔拉直）。

（13）杆塔回路。检查是否存在运行杆塔回路位置错误的情况，若存在，进行整改（回路调整）。

（14）线路交叉。检查是否存在两条线路交叉的情况，若存在，在交叉点添加弧线。

16. 电网 GIS 配电站房绘制要求

（1）绘制配电站内接线图时，电站布局及设备应完全按照调度提供的电站模拟图（或现场实际站房接线图）进行绘制，整体布局上遵循上进到下出、左进右出的原则。

（2）绘制站内图时应从高电压等级往低电压等级绘制；绘制间隔时，应保持间隔与间隔之间的距离相等，间隔内设备的大小保持一定的比例。

（3）绘制间隔内设备时，应按照电系图纸，按顺序依次从上往下进行绘制。

（4）绘制完成的图形应美观，严禁相互压盖，设备、标注清晰可见，电力变压器的位置应将屏幕上下等分，高压侧和低压侧的长度不应相差太大。如果现场实际站房在一栋楼或者较为集中，图形可适当调整大小并根据出线走向一字整齐排开。

（5）站房类设备的进出线都需要绘制站外—超连接线，不能使用电缆等设备将站外设备和站内设备直接相连。使用超连接线时注意，如果是站房进线，那么超连接线应该从外往里连；如果是站房出线，则应从里往外连，此时有开断类设备的出线间隔会生成新的线路，线路名称为开关名称，可以通过设备属性进行修改，无开断类设备出线需要选择所属线路。

（6）配电站房类设备（配电站、箱式变压器、站房—电缆分支箱、环网柜、开关站）现场实际有开断类设备的必须根据实际绘制开断类设备，以便对线路进行馈线拆分。

（7）电缆分支箱图元分为两种，请注意区分。一类是具有开断类设备使用的电缆分支箱，系统内成为站房—电缆分支箱，为站所类设备，线路更新遇到此类设备时会中断分析；另一类为不具有开断类设备的电缆分支箱，系统称为站外—电缆分支箱，为电缆类设备，线路更新遇到此类设备时不会中断分析。

（8）图形绘制时需要注意图元的相互间大小比例，存在大小不合适的图元可用设备属性中的符号大小进行调整。

（9）对于箱式变压器画法要求：环网类箱式变压器绘制要求画出进出线负荷开关、母线及变压器间隔内相应设备。对于单一进线箱式变压器，绘制进线、母线及变压器间隔内设备即可。

（10）对于运检侧低压设备也要遵循以上绘图要求，做到横平竖直出线，线路和设备彼此不互相压盖。低压线路从变压器低压侧出线时需根据实际绘制低压开关，低压电缆根据现场实际走向敷设，设备必填字段不能缺失。

17. 配电站房标注规范

（1）标注大小。电站内设备应根据每类设备实际情况统一标注大小，保证合适的比例及整体的美观性。

（2）标注颜色。系统默认设备标注颜色和图元符号颜色保持一致，各单位可根据实际要求配置颜色，但要求所有站内设备标注颜色统一。

（3）标注位置。设备标注在设备附近，应能明确地分辨出所标注的设备；设备标注之间不应互相重叠，并且设备标注不应与设备重叠；进出线间隔标注排列方式应为垂直排列，开断类设备及其他设备标注排列方式应为水平排列。

（4）标注内容。开断类设备需标注其运行编号，具体可根据各单位实际管理模式决定。

18. 配电站房图形自查

（1）配电电站内无母线。检查是否存在箱式变压器内无母线的情况，若存在，进行整改。

（2）配电站房出线。检查是否存在配电站房有出线开关，但出线未创建出线路的情况，若存在，进行整改。检查是否存在配电站房无出线开关，但出线创建出线路的情况，若存在，进行整改。

（3）无开关电缆分支箱。检查是否存在无站内开关的电缆分支箱以站房形式存在的情况，若存在，进行整改。

（4）开关状态。检查配电电站站内开关状态是否正确，若不正确，需进行开关置位。

19. 配网单线图概念

配网具有设备众多、变化频繁的特点，配网管理经常采用的载体是单线图。单线图是对配电网馈线线路图采用正交方式绘制的一种图形格式，在日常管理中很常见。单线图是对沿地理图分布的馈线的一种简化，这个简化过程需要进行电气、拓扑及图形的专业化处理。单线图经常用于设备管理、巡线、线损计算等工作。

PMS2.0 系统单线图是以大馈线为单位的，采用一定布局算法自动生成的从变电站出线开关到配电变压器、常开开关、中压用户接入点之间的线路相关所有设备，包含变电站、电缆、架空线、开闭所、环网柜、配电变压器等的示意专题图形，并附有一定的统计信息，如线路总长度、配电变压器容量等。

20. 配网单线图成图内容

配网单线图的总体原则是图形准确完整，设备间无交叉重叠，图形布局均匀、大小适中，美观清晰。

电力设备：变电站、环网柜、开闭所、柱上负荷开关、柱上断路器、柱上隔离开关、跌落式熔断器、中压架空线、中压电缆、配电变压器、配电室、箱式变压器、分支箱、杆塔等。

非电力设备信息：A3 框、线路统计信息（线路总长度、电缆长度、架空线长度、配电变压器数量、配电变压器容量、公用变压器数量、公用变压器容量、专用变压器数量、专用变压器容量）。

单线图生成后主要显示线路设备和站房，变电站房只显示母线与当前线路的开关、出线点，线路设备以横平竖直的正交方式进行布局。

21. 配网单线图成图要求

（1）单线图整体布局在 A3 框范围内，不能超出 A3 框。单线图一般都是采用横平竖直的正交布局方式，主要显示线路设备和站所设备，但不展开站所内部图，生成时可指定图形的生成方向。

（2）单线图生成后主干线路布局完整，线路与设备以横平竖直正交方式显示。

（3）单线图上的设备连接方式正确，与实际地理图上设备的电气连接关系保持一致。

（4）标注要求：相同设备类型的标注大小、注记大小应统一。设备生成要完整、标注完整清晰无压盖、重复。柱上变压器、柱上开关不得压盖，柱上变压器需标注容量。对于线路上的跌落保险、设备铭牌不进行文字显示。图中需要显示名称的电力设备有变电站、开闭所、环网柜、调度开关、杆塔、配电变压器、电缆、架空线等。图中需要标示图形、变电站、主线、支线及变压器的名称、所有非直线杆的杆号标注，且避免同名线段名称重复标注。对象标注生成规则：标注之间、标注和对象之间不允许重叠，相同设备类型的标注大小、注记大小应统一；设备生成要完整、标注完整清晰无压盖、重复。

（5）用户名称原则上显示在电气设备下方，如会造成设备名称覆盖电缆或其他电气设备，由制图组根据图形实际情况进行微调。用户名称的字符一般设置为5～7个字符换行，目前系统自动默认的为20个字符换行。

（6）互联点颜色显示为绿色，双电源另一回显示为紫色。

（7）对线路走向，对于能走直线的部分，抽图完成后，需进行图形设备调整。

（8）以馈线为单位生成图纸，每条线路生成一张图纸。

22. 配网单线图成图条件

单线图是以单条配网线路（馈线）为单位的，从变电站出线开始到馈线的末端结束，采用一定布局算法自动生成单条馈线的专题图形。PMS2.0系统中配电单线图主要由站房及站内设备、线路及柱上设备组成，一条完成的单线图在成图时需满足以下条件。

站房内设备需满足以下几类条件：

（1）站内必须有母线设备，馈线连接的间隔须从站内母线设备接出。

（2）站内母线的所属电站必须维护正确。

（3）馈线连接的间隔必须包含有开断类设备。

（4）馈线连接间隔上的设备所属电站必须维护正确。

（5）馈线连接的间隔必须包含有"站内电缆接头"。

（6）馈线连接间隔上的"站内电缆接头"必须维护好所属电站。

（7）配电站房内设备必须维护好所属站房。

馈线部分需满足以下几类条件：

（1）变电站引出来的线路类型必须为"馈线"。

（2）馈线的"起点始电站"必须为变电站及必须维护正确。

（3）馈线的"出线开关"必须为站内电缆头连接的第一个开关。

（4）馈线的出线设备必须为"站内电缆接头"。

线路部分需满足以下几类条件：

（1）除变电站外所有站房引出的线路类型必须为"线路"。

（2）线路的"上级线路"必须为本条线路的上级"馈线"。

（3）线路的"出线开关"必须维护正确。

（4）线路的出线设备必须为"站内电缆接头"。

（5）线路的"起点始电站"为上一个站房。

柱上设备需满足以下几类条件：

（1）柱上相关设备如柱上断路器、柱上隔离开关、柱上变压器等设备的所属线路字段必须维护正确。

（2）柱上相关设备如柱上断路器、柱上隔离开关、柱上变压器等设备的连接端子信息必须维护完整。站房外连接"馈线"及"线路"的连接设备必须为站外"超连接线"或"站外电缆段"。

23. 低压台区图概念

低压台区图是以单个台区为单位，以柱上变压器或站所内配电变压器为起点，用户接入点为终点，展示变压器供电范围内的低压设备的专题示意图。低压台区图反映某柱上变压器或站所内变压器及其供电范围内低压设备的电气连接性，图形分布在 A3 幅面内。低压台区图要求电气连接正确，图形清晰、均匀、美观，线路尽量避免交叉，并附有一定的统计信息，如导线长度、电缆长度、表箱数、用户数、供电半径。

24. 低压台区图成图内容

电力设备：柱上变压器、配电变压器、配电室、箱式变压器、低压架空线、低压电缆、低压导线、低压开关、低压断路器、低压熔断器、低压跨接线、低压无功补偿箱、低压用户接入点、低压墙支架、低压关键位置杆塔（柱上开关所属杆、分支杆、电缆登杆杆塔、合杆起止杆）等。低压站所内低压出线间隔、分支箱内部接线图等不生成，需要查看时通过低压站所内部接线图查看。

非电力设备信息：A3 框、统计信息（导线长度、电缆长度、表箱数、用户数、供电半径）。为更好地满足营配贯通的要求，指导实际生产，低压台区图还包含相应的统计信息，包括台区的接电点编码、用户数、配电变压器智能终端编号、线损以及详细的用户情况等，详细的用户以接电点为单位，通过列表形式展现。

25. 低压台区图成图规则

低压台区图以柱上变压器或站所内配电变压器为起点，以接电点为终止点。台区图内设备和线路采用正交布局，布局均匀，并尽量较少交叉和重叠。

（1）柱上变压器和配电变压器一般生成在台区图的左侧或中间，具体位置根据其出线数量确定，站所不展开其内部接线图。台区的低压出线向四周均匀分布。台区低压出线按90°方向顺序出线，出线间隔均匀。如果出线数量大于4，则按45°方向顺序出线。

（2）低压架空线如果为台区出线，则需标注其名称及型号。

（3）低压电缆如果为台区出线，则需标注其名称及型号。

（4）不需要生成低压架空线上的所有杆塔，仅生成关键位置的杆塔。关键杆塔包括柱上开关所属杆、分支杆、电缆登杆杆塔、合杆起止杆。

（5）用户接入点需区分是否分布式电源。

（6）智能表计编号生成在台区图的左下角，如果有多个，顺序排列。

26. 低压台区地理图数据自查

（1）若某公用变压器台区下所属低压线路为0，则此公用变压器低压采录不合格。

（2）若某公用变压器台区低压导线与低压电缆数量之和为0，则此公用变压器低压采录不合格。

（3）若某公用变压器台区接入点数量为0，则此公用变压器低压采录不合格。

（4）若某公用变压器台区接入点下表箱数量为0，则此公用变压器营配贯通数据不合格，告之营销人员整改。

（5）参照地理影像图层或矢量图层对于低压用户接入点，须保证用户接入点与表箱之间的距离小于100m。若遇到用户接入点与表箱间距超过100m的情况，须生产、营销人员携带地理坐标采集设备共同前往现场进行核查。

第四节 设 备 异 动 要 求

1. 电网数据异动来源

（1）由基建、技改和杆迁等业务发起的异动，变电站新建、扩建，设备改造、退役，输电线路开π、新增支线、改造（杆塔、导线等异动）、退役，配网新装线路、新增公用变压器，小区新装公用变压器，配网改造变更，抢修消缺异动，线路、变压器更名。10kV 公用线路新投、拆除、杆线下地及割接改造（部分业扩项目也涉及公用线路改造）；公用变压器的新投、增容及拆除。

（2）由营销业扩业务发起的异动，高压新装、高压增容用电流程；低压居民新装、低压非居民新装、低压批量新装、装表临时用电、380V（220V）分布式光伏项目新装、10kV 分布式光伏项目新装、电动汽车充电桩新装等新装增容用电流程。减容、销户、迁址、暂停、暂换、暂拆、恢复、移表、表计周期检定轮换、计量装置改造、分布式电容销户、电动汽车充电桩销户等变更用电流程。

（3）由于电网方式变化产生的异动，调度对开断类进行操作。配网接线方式变更引起 10kV 线变、线箱关系变化。

（4）用户资产移交供电公司发起的异动：输变电设备，电缆隧道，住建项目供配电设施、"专改公"项目、"三供一业"项目。

（5）系统数据在实际应用过程发现的错误，如运检、营销人员日常工作中发现的图实不符，故障研判、停电通知发现的图实不符情况。

2. 新投变电站异动流程

（1）调度方式人员在 OMS2.0 系统创建变电站、变压器、断路器等铭牌信息，并推送到 PMS2.0 系统。

（2）运检变电人员在 PMS2.0 系统创建避雷器等设备铭牌信息，在主网电系铭牌维护中将调度创建的铭牌领用。绘制变电站图形（一次接线图、仓位图、屏柜图、压板图），建立设备台账信息，维护变电站"专业班组"。

（3）运检变电运维专责审核、发布图形和台账。

（4）设备投运后，运检变电人员在 PMS2.0 系统"设备投运管理"菜单中填写设备投运日期，变更设备状态为"在运"，在 PMS2.0 系统图形客户端完成开关置位。

（5）运检变电人员在 PMS2.0 系统实物资产管理中的"设备资产同步"菜单同步台账到 ERP。

（6）营销人员在营销 SG186 系统确认变电站同步信息，财务人员在 ERP 系统根据设备清册完成资产转资。

3. 变电站间隔扩建异动流程

（1）调度方式人员在 OMS2.0 建立间隔有关的变压器、断路器等铭牌信息，并推送到 PMS2.0 系统。

（2）运检变电人员在 PMS2.0 系统创建避雷器等设备铭牌信息，在主网电系铭牌维护中将调度创建的铭牌领用到扩建间隔。修改变电站图形（一次接线图、仓位图、屏柜图、压板图），建立设备台账信息。

（3）运检变电运维专责审核、发布图形和台账。对于涉及输电、配电设备异动的变电站间隔扩建，变电人员应绘制间隔"站内出线点"，并在变电站投运前发布图形，以便于输电、配电专业绘制图形。

（4）设备投运后，运检变电人员在 PMS2.0 系统"设备投运管理"菜单中填写设备投运日期，变更设备状态为"在运"，在 PMS2.0 系统图形客户端完成开关置位。

（5）运检变电人员在 PMS2.0 系统实物资产管理中的"设备资产同步"菜单同步台账到 ERP 系统。

（6）营销人员在营销 SG186 系统确认变电站间隔同步信息，用采系统挂接关口表信息，财务人员在 ERP 系统根据设备清册完成资产转资。

4. 变电站设备异动（技术改造）异动流程

（1）对于变电站输电、配电间隔名称发生变化的情况，调控人员应首先在 OMS2.0 变更间隔铭牌，并同步到 PMS2.0 系统。

（2）运检变电人员通过设备变更操作退役设备、新建设备，修改变电站图形（一次接线图、仓位图、屏柜图、压板图）。

（3）运检变电运维专责审核、发布图形和台账。

（4）运检变电人员设备投运后在 PMS2.0 系统"设备投运管理"菜单中填写设备投运日期，变更设备状态为"在运"，在 PMS2.0 系统图形客户端完成开关置位。

（5）运检变电人员在 PMS2.0 系统实物资产管理中的"设备资产同步"菜单同步台账到 ERP 系统。实物资产专责根据技术鉴定报告对设备进行处置（处置方式包括报废、再利用、转备品备件。

（6）财务人员在 ERP 系统根据设备清册完成资产转资。

5. 变电站退役异动流程

（1）变电站退役前应先将变电站引出的线路进行切改。

（2）运检变电人员通过设备变更操作，解除铭牌，删除图元，退役设备。

（3）对退役设备根据设备技术鉴定书处置意见，实物资产专责根据技术鉴定报告对设备进行处置（处置方式包括报废、再利用、转备品备件）。

（4）变电站或设备退役后，运检变电人员在 PMS2.0 系统删除铭牌，调度方式人员在OMS系统删除或注销设备铭牌。

（5）财务人员在ERP系统根据设备清册完成资产转资。

（6）营销人员在营销SG186系统确认变电站异动信息，用采系统修改关口表信息。

6. 变电站迁移

（1）变电站迁移指变电站的运维单位、维护班组调整，进行数据的迁移。

（2）由原变电站班组维护人员通过"站线迁移申请"菜单发起流程，选好变电站，发运检部专责审核。

（3）运检部专责审核，发送至接收班组修改，"现运维单位"系统自动生成。

（4）接收班组填写现"资产性质"和"资产单位""现维护班组"。填写完毕，点击"任务处理"，系统自动同步主数据到ERP。

7. 新投输电线路异动流程

（1）调度方式人员在OMS2.0负责建立输电线路和相应变电站间隔铭牌信息。

（2）变电运维人员在PMS2.0系统根据调度铭牌修改、发布图形。

（3）输电运检人员在PMS2.0系统根据铭牌绘制图形、建立台账，将图形与变电站出线间隔连接，维护输电线路"专业班组"。

（4）输电运检专责审核、发布图形和台账。

（5）设备投运后，输电运检人员在PMS2.0系统"设备投运管理"菜单中填写设备投运日期，变更设备状态为"在运"。

（6）输电运检人员在PMS2.0系统实物资产管理中的"设备资产同步"菜单同步台账到ERP系统。

（7）营销人员在营销SG186系统确认线路同步信息，用采系统挂接线路关口表信息，财务人员在ERP系统根据设备清册完成资产转资。

（8）对于跨地市、跨工区线路，图形方面，线路起始段的运维单位进行线路维护，在管理分界点处使用"区域分界点"图元作为本单位图形维护的终点（区域分界点可依附杆塔建立，也可作为导线的终端）；线路后段的运维单位新增"区域分界点"为起点，使用超连接线与首段线路连接，完成剩余部分线路的绘制，保证线路的拓扑连通。台账方面，对跨区线路的管理，跨区线路主线维护为跨区域，然后各相关单位均在主线下新建分段线路，认领本单位的设备。

8. 输电线路开π、切改、新增支线

（1）调度方式人员在OMS2.0负责新建或修改变电站出线间隔铭牌、输电线路铭牌信息。

（2）变电运维人员在 PMS2.0 系统根据调度铭牌修改、发布图形。输电运检人员在 PMS2.0 系统根据铭牌绘制图形、建立台账，将图形与变电站出线间隔连接，发布图形和台账。设备投运后在 PMS2.0 系统"设备投运管理"菜单中填写设备投运日期，变更设备状态为"在运"。

（3）在 PMS2.0 系统实物资产管理中的"设备资产同步"菜单同步台账到 ERP 系统。对退运的杆塔、导地线以及附属设施根据技术鉴定意见进行报废或再利用处置，对开 π 前的线路做退役处置。

（4）营销人员在营销 SG186 系统确认线路同步信息，用采系统挂接线路关口表信息，财务人员在 ERP 系统根据设备清册完成资产转资。

（5）线路退役后，调度方式人员在 OMS2.0 删除或注销设备铭牌。

9. 线路改造（杆塔、导线异动）流程

（1）输电运检人员在 PMS2.0 系统绘制图形、建立台账，发布。在 PMS2.0 系统实物资产管理中的"设备资产同步"菜单同步台账到 ERP 系统。对退运的杆塔、导线根据技术鉴定意见进行报废或再利用处置。

（2）财务人员在 ERP 系统根据设备清册完成资产转资。

10. 退役线路异动流程

（1）输电运检人员在 PMS2.0 系统中解除图形和铭牌关联关系，删除退役的设备图形，对改造需退役的杆塔、导地线以及附属设施等设备台账退役。

（2）在 PMS2.0 系统实物资产管理中的"设备资产同步"菜单同步台账到 ERP 系统。对退运的杆塔、导地线以及附属设施根据技术鉴定意见进行报废或再利用处置。

（3）营销人员在营销 SG186 系统确认线路同步信息，财务人员在 ERP 系统根据设备清册完成资产转资。

（4）线路退役后，调度方式人员在 OMS 系统调整设备铭牌。

11. 输电线路迁移流程

（1）输电线路迁移指输电线路的运维单位、维护班组调整，进行数据的迁移。

（2）由原输电线路班组维护人员通过"站线迁移申请"菜单发起流程，选好输电线路，发运检部专责审核。

（3）运检部专责审核，发送至接收班组修改，"现运维单位"系统自动生成。

（4）接收班组填写现"资产性质"和"资产单位""现维护班组"。填写完毕，点击"任务处理"，系统自动同步主数据到 ERP 系统。

12. 配电线路新投流程

（1）10kV 公用线路绘图的前提是变电站出线间隔已绘制。

（2）运检配电人员在 PMS2.0 系统创建配网电系铭牌。

（3）调度方式人员在 PMS2.0 系统审核并发布配网电系铭牌。

（4）运检配电人员在 PMS2.0 系统根据铭牌绘制图形、建立台账，维护线路"专业班组"。

（5）运检配电运检专责完成图形、台账发布。

（6）设备投运后，运检配电人员在 PMS2.0 系统"设备投运管理"菜单中填写设备投运日期，变更设备状态为"在运"，完成开关置位。

（7）运检配电运检人员在 PMS2.0 系统实物资产管理中的"设备资产同步"菜单同步台账到 ERP 系统。

（8）营销人员在营销 SG186 系统确认配网线路、变压器同步信息，挂接配网馈线关口表、变压器关口表，财务人员在 ERP 系统根据设备清册完成资产转资。

（9）如公用线路上有专用变压器新增，则由营销人员在营销 GIS 和营销 SG186 系统绘制专用变压器和创建专用变压器台账信息。

（10）如公用配电变压器上有低压设备新增，走 10kV 公用配电变压器新投流程。

（11）如同一条配电线路由两个运维单位共管，由线路维护班组（即前段）所在人员维护线路台账中的"其他运维单位"，选择相应县公司并维护，发布台账流程后，县公司人员即可看到该线路及线路下设备。

（12）对于跨地市、跨工区线路，线路起始段的运维单位进行线路维护，在管理分界点处使用"区域分界点"图元作为本单位图形维护的终点（区域分界点可依附杆塔建立，也可作为导线的终端）；线路后段的运维单位新增"区域分界点"为起点，使用超连接线与首段线路连接，完成剩余部分线路的绘制，保证线路的拓扑连通。

（13）对于配网线路的站房、电缆、导线、杆塔等设备更新设备的所属线路，应使用"线路更新"。线路更新功能需确保整条线路拓扑连通且正确，否则会导致部分设备所属线路更新不成功或将其他线路的设备更新至当前线路下。

（14）馈线分析是针对开关站、环网柜出线维护所属馈线设计的功能，馈线分析实现开关站、环网柜出来的主线有"上级线路"，"上级线路"为变电站出来的馈线线路。所以做馈线分析时，开关站、环网柜一定要存在出线并且一定要有进线为其供电。

（15）配网设备绘制好地理图、完成线路更新和馈线分析后，应进行大馈线分析。对于线路有互联开关要设置"常开状态"为"常开"，然后进行大馈线分析。

（16）大馈线分析结束后，根据大馈线生成单线图。

13. 公用配电变压器（含低压）新投

（1）运检配电人员在 PMS2.0 系统创建配网电系铭牌。

（2）运检配电人员在配电变压器送电前，完成 PMS2.0 系统中新增设备图形和台账录入工作，并将公用变压器设备设为"未投运"状态。

（3）运检配电运检专责完成图形、台账发布。

（4）营销人员在营销系统确认配电变压器同步信息，用采系统挂接变压器关口表。

（5）配电变压器送电后，运检配电人员在 PMS2.0 系统"设备投运管理"菜单中填写设备投运日期，变更设备状态为"在运"，完成开关置位。

（6）运检配电人员在 PMS2.0 系统实物资产管理中的"设备资产同步"菜单同步配电变压器和台区低压设备的台账到 ERP 系统。

（7）营销人员在营销 SG186 系统在完成表箱和低压用户接入点的关系连接。财务人员在 ERP 系统根据设备清册完成资产转资。

14. 配网线路改切流程

（1）实际工作中，配网设备异动存在以下几种情况，需要进行柱上设备切改，柱上设备（如柱上变压器）所属杆塔或所属线路信息变化。现场由于线路改造，杆号进行了重新排列，导致现场柱上设备所属杆塔的杆号发生了变化。现场同杆多回的线路，其中一条线路负荷比较大，为减轻线路负荷，将线路上的部分柱上设备，切改到了另一条线路上。现场由于杆塔老化，杆塔拆除前需将杆塔上的柱上设备切改到另一基杆塔上。现场由于线路老化严重，线路拆除前需将线路上的所有柱上设备切改到另一条线路上。因现场线路情况的变动，涉及柱上设备的变动需在图形客户端中做相关的图形操作。

（2）对同一条线路柱上设备切改所属杆塔，通过节点编辑修改柱上设备的所属杆塔，选中柱上设备，更新所属杆塔，在台账维护中点击"切改修正"按钮实现"柱上设备切改成功"。

（3）对柱上设备切改所属线路的变化，设备切改完后，完成线路更新、馈线分析，再进行大馈线分析，对于切改的站房类设备，取消和原来大馈线的关系。

（4）10kV 线路切改引起"线变"及"线表"关系的变化。运检人员在 PMS2.0 系统完成中压线路改接后，通知营销人员在营销系统 SG186 在完成配变和线路对应关系的调整，用采系统完成关口表箱和配变关系确认。

15. 配变低压线路改切

（1）10kV 配变低压线路改切若不涉及变压器与用户表箱关系变化，则不需要通知营销人员。若涉及变压器与用户表箱归属关系的变更，通知营销人员在营销 SG186 系统确认表箱挂接配电变压器。

（2）运检人员在 PMS2.0 系统完成低压线路改接后，通知营销人员在营销系统 SG186 在完成配电变压器和低压表箱对应关系的调整，用采系统完成表箱和配电变压器关系确认。

16. 配电变压器增容

（1）运检人员在 PMS2.0 系统绘制变压器图形，将退役变压器低压线路改切到新增的变压器，并同步到营销系统、ERP 系统。

（2）运检人员对配电变压器、柱上变压器进行改切操作，修改了所属馈线后，应告知营销人员。若要退役配电变压器、柱上变压器，应先通知营销人员确认变压器无用户后，方可退役。

（3）营销人员在营销 SG186、用采系统确认表计信息。

17. 业扩交互数据流程

营销编制供电方案后，推送到运检侧，运检人员在"供电方案受理"菜单下，根据供电方案中是否新增接入点，选择是否需要生成设备变更申请单。以需要生成设备申请单为例，运检根据供电方案进行设备变更申请的流转，在 GIS 中绘制营销所需要的用户接入点，绘制完成后发送到"图形运检审核"，此处审核同意后需发送至营销系统，由营销侧进行审核运检绘制的图形质量（红图审核），审核不通过可以退回至运检，审核通过后，可以进行表箱表计的绘制，绘制完成后发送至"图形调度审核"发布图形（黑图发布），设备变更流程终结后，营销可继续下一步流转。

18. 新增专线、专用变压器

当接入工程涉及电网变更或用户接入点调整，由运检人员在 PMS2.0 系统新增或变更中压用户接入点，营销人员在营销 GIS 挂接专用变压器，并将用户档案数据和图形数据推送给运检。营销在完成专线、专用变压器、用电站图形拓扑关系维护后，需将专线专用变压器台账、用户档案数据和中用户接入点与用户关系及图形数据推送给运检。

19. 低压新装、销户

（1）低压新装：当接入工程涉及电网变更或用户接入点调整，由运检人员在 PMS2.0 系统新增或变更低压用户接入点，营销人员在营销 GIS 挂接表箱，并将用户档案数据和图形数据推送给运检。

（2）低压用户销户，如不涉及表箱删除，由营销人员在营销 SG186 系统变更档案，完成表箱用户关系解除工作；运检人员保留 PMS2.0 系统低压用户接入点。如涉及表箱删除，则营销部门在营销 SG186 系统内解除表箱用户关联关系、删除表箱信息，运检人员根据需要完成PMS2.0系统内用户接入点信息维护工作。如低压销户涉及运检退运低压设备，由营销人员在营销 SG186 系统删除表箱，运检人员在 PMS2.0 系统删除低压用户接入点，退运低压设备。

20. 运行方式变化

运行方式变化指的是由于现场停送电操作，设备故障引起的开关运行状态变化。

PMS2.0 系统开关在图形中属性参数有：常开状态："常闭"或"常开"，开关状态的变化对线损影响：配网变压器的所属馈线变化，关口表－馈线现场发生变化。对于互联线路的方式变化，若变压器的所属线路发生变化，由另外一条线路转供，停电馈线出来第一个开关要改为"常闭"状态，送电的馈线第一个开关改为"常开"状态。

21. 现场图实核对

现场图实核对是指对缺失的或不准确、不完整的电网资源位置空间和属性数据进行现场补充采集和核实。

资料报送：对于设备运行过程中由运检人员日常巡视维护工作发现的图实不符或图数不符情况由问题设备所属运维单位负责报送异动资料。对于无业扩流程但涉及设备容量变化、新增或拆除配变的情况应经运检单位分管领导签字确认。业扩流程中仅属性变化情况由营销单位报送异动资料。异动资料应包括：设备异动申请单、设备台账明细、设备地理坐标、设备异动示意图。

数据核查：当 PMS2.0 系统的户变、线变、营配户号信息与营销 SG186 系统数据不一致时，配网设备运维人员会同营销人员（用检或抄表人员）现场核对户变、线变、用户信息。

数据录入：数据维护人员对异动资料校验，完成所有 PMS2.0 系统内设备台账和图形录入，若涉及 ERP 系统、营销 SG186、OMS2.0 系统，应在变更后将信息通知相应的财务、营销、调度人员，同步修改相关系统。

第五节 业 务 应 用 要 求

1. 设备巡视记录录入基本要求

设备巡视应根据巡视标准在系统中维护变电站和输配电线路的巡视周期。巡视工作结束后 72h 内必须录入系统。正常巡视只能由巡视周期维护录入生成巡视计划，其他巡视（如熄灯巡视、特殊巡视等）可以在巡视记录登记菜单中新建巡视计划。巡视记录流程图如图 2－3 所示。

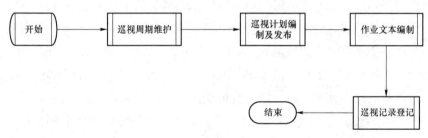

图 2－3 巡视记录流程图

2. 缺陷记录录入要求

缺陷管理是对运行巡视、检测、在线监测、试验等工作过程中发现的设备缺陷进行记录和管理，跟踪管理电网设备从发现缺陷到消除缺陷的整个过程。缺陷记录流程如图 2－4 所示。

缺陷可直接录入，也可以在巡视、试验、检修时进行关联登记。缺陷录入过程中，可按线路、变电等进行专业分类，缺陷内容可根据缺陷主要信息自动生成默认信息，并可进行修改；缺陷性质、缺陷原因、缺陷现象可进行标准选择。

缺陷发现日期不能晚于登记日期。所有缺陷发生后 72h 内必须录入系统，发现日期与登记日期时间差不能超过 72h。消缺日期要晚于发现日期。验收日期要晚于消缺日期。

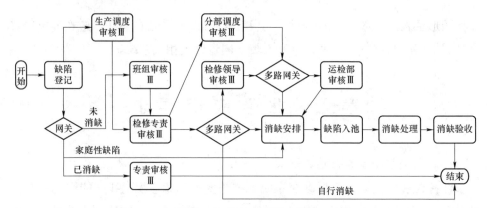

图 2-4　缺陷记录流程图

在 PMS2.0 系统中登记设备缺陷时，应严格按照公司缺陷标准库和现场设备缺陷实际情况对缺陷主设备、设备部件、部件种类、缺陷部位、缺陷描述以及缺陷分类依据进行选择，缺陷性质自动按照缺陷标准库生成。对于缺陷标准库未包含的缺陷，应根据实际情况进行定性，并将缺陷内容记录清楚。

已消除的严重、一般变电缺陷与工作任务单的关联率，不包括即时处理缺陷（发现后 24h 内消除的缺陷）。即正常情况下所有缺陷都应该走任务池—检修计划—工作任务单—工作票消缺闭环流程。对于消缺日期—发现日期<24h 的缺陷，可以走缺陷小流程，即在缺陷登记页面填写已消缺和已验收。

（1）缺陷登记：对交接、试验、巡视、检测、检修、在线监测等过程中发现的缺陷进行关联登记，包括：从相关记录中提取缺陷发现人、单位、发现时间、缺陷设备、缺陷内容信息，标识缺陷发现来源分类。缺陷来源：缺陷的发现途径主要包括巡视、检测、检修、试验、在线监测等；运维检修班组人员对发现的缺陷进行登记并进行初步定性。

在 PMS2.0 系统中登记设备缺陷时，应严格按照国家电网公司缺陷标准库和现场设备缺陷实际情况对缺陷主设备、设备部件、部件种类、缺陷部位、缺陷描述以及缺陷分类依据进行选择，缺陷性质自动按照缺陷标准库生成。对于缺陷标准库未包含的缺陷，应根据实际情况进行定性，并将缺陷内容记录清楚。

（2）缺陷审核：班长或技术员对本班组发现的缺陷进行确认，可重新对缺陷进行定性，并保留历史定性痕迹，便于后续跟踪；设备运检专责收到班组上报的缺陷后，对缺陷进行最终定性，并保留历史定性痕迹，便于后续跟踪，定性数据不能随意修改。

（3）消缺安排：设备运检专责将审核后的缺陷排入检修工作计划，或直接将消缺工作派发给检修班组，通过检修管理流程进行消缺，通过运行管理流程进行验收，并提供整个缺陷处理过程的监视、跟踪和查询。

（4）缺陷转隐患：针对到期未消除的危急、严重缺陷，根据缺陷信息，自动生成一条隐患记录，对隐患进行信息补填，并填写缺陷转隐患原因。缺陷可以转任务池作为任务池的来源，设备运检专责将审核后的缺陷排入检修工作计划。

（5）消缺处理：消缺班组进行现场消缺，消缺后对缺陷的消缺情况进行登记。

（6）消缺验收：由运行人员对消除的缺陷进行验收，若验收不合格，退回给检修专责审核重新安排消缺，如合格，流程结束。

3. 工作票录入要求

工作票是允许在电气设备上进行工作的书面依据，也是明确安全职责，向工作人员进行安全交底，保障工作人员安全组织措施。

计划性工作的第一种工作票应于工作前 1 日在系统内完成填写、签发、接票流程；第二种工作票、带电作业工作票及临时性工作的第一种工作票可在当日开工前完成上述流程。

除事故应急抢修单外，在系统中已许可的输电、变电、配电的第一、二种工作票，带电作业工作票都必须关联工作任务单。

第一种工作票需采用总、分工作票（小组任务单）时，总工作票负责人或签发人在总工作票创建完成后同时建立分工作票（小组任务单），可直接填写完整也可分发至分工作票（小组任务单）负责人填写相关内容，经审核无误后一同完成签发流程。

已生成票号的工作票，经审核发现有误时不允许回退，将该票转为作废票，并重新办票履行审核流程；因调度、天气等特殊原因该工作取消时，将该票转为未执行票或作废票。

工作票填写渠道有两种：一种是通过工作任务单新建，与工作任务单自动关联；另一种是工作票管理中的工作票开票功能进行新建工作票并手动与相应工作任务单进行关联。

只有在待签发及待接票环节中才能在工作任务单的菜单中才能新建一个条"现场勘察记录"（此非检修流程的必填项）。

4. 操作票录入要求

倒闸操作是由调度人员将操作令发送至运维人员，运维人员根据调度指令拟定操作票，经模拟、审核无误后进行倒闸操作，操作完毕后向调度人员反馈执行情况，并完成操作票归档。操作票是运行值班人员进行倒闸操作的书面依据，是为了防止误操作，保障人身安全、电网安全和设备安全的重要措施。

倒闸操作票可通过典型票开票。典型票可由运维人员编制，再由运维班组长或运维专责审核。

操作票环节分为新建票、打印票、回填票、存档票以及作废票、未执行票。不属于自己处理权限以内的票只能浏览而没有操作编辑权限。

当前登录人员必须有操作票负责人的专业权限才可以进行开票操作，可以由系统管理员在开票权限配置中赋予相关人员操作权限。

操作票编写完成后，试打印时不产生票号，操作票可以进行修改，操作票号打印时自动生成，打印后的操作票不能进行修改。

生成新建票后进行签名审核后，点击"打印"按钮进行打印（生成票号），打印完成后，票就进入"打印票"状态。

从"打印票"状态的票打开票，点击"回填"按钮进行回填，填写执行日期以及执行内容后，点击"终结"按钮，终结操作票，终结完后票就进入"存档票"箱中。

若因为设备无法操作、操作票内容错误，需要重新拟写操作票时，在终结时还可以将正在执行的操作票转为作废票和未执行票。

已生成票号操作票，经审核发现有误时不允许回退，将该票转为作废票，并重新办票履行审核流程；因调度、天气等特殊原因该工作（操作）取消时，将该票转为未执行票或作废票。

5. 试验报告录入要求

试验报告是试验工作结束后，用于记录试验数据、试验结论的报告。试验报告需要进行审核，试验数据可作为重要的设备状态信息用于设备状态评价。

检修工作结束后，应在15个工作日内将试验报告整理完毕并录入系统，并在7个工作日内完成试验报告的审核、归档。新投运设备的试验报告在设备台账发布后30天内完成整理、录入系统、审核和归档工作。

输电需要录试验报告设备为输电电缆。

变电需要录试验报告的设备包括主变压器、断路器、组合电器、隔离开关、开关柜、电流互感器、电压互感器、避雷器、电容器组、母线、设备外绝缘及绝缘子、套管、电力电缆、消弧线圈、干式电抗器、干式变压器、耦合电容器、接地装置等。

配电需要录试验报告设备包括配电变压器、柱上变压器、箱式变电站、环网柜、电缆段、柱上断路器、柱上隔离开关、柱上负荷开关、线路避雷器。必须录入试验报告的项目有环网柜、开关柜暂态地电压局部放电、电缆线路高频局部放电、架空线路超声局部放电，柱上变压器、柱上断路器、柱上隔离开关、线路避雷器四类设备交接试验。

6. 隐患录入要求

隐患是指安全风险程度较高，可能导致事故发生的设备、设施、作业场所及管理等方面存在的问题。根据可能造成的事故后果，隐患分为重大事故隐患、一般事故隐患和安全事件隐患三个等级。

隐患的来源包括超期未处理危急、严重缺陷和隐患排查成果。超期未处理危急、严重缺陷自动转入隐患；排查发现的隐患，需要进行登记、审核和处理，实现闭环管理。

对于缺陷转入的隐患，通过缺陷处理流程进行处理，缺陷处理完成后隐患自动消除，缺陷转入的隐患不能启动流程，缺陷消除后，隐患自动消除；对于环境、人为因素造成的隐患，建立隐患防控措施，在隐患防控时登记防控措施执行记录，在隐患消除后对处理结果进行登记。

隐患登记：提供设备隐患、环境隐患登记功能，填写隐患来源、隐患原因、专业分类、详细分类、发现人、发现班组、发现人单位、隐患（影响）设备、（隐患影响）电站/线路、站线类型、行政地理位置等，提出防控措施，填写拟采取措施。

隐患审核：提供隐患预评估功能，班组长或运检专责对班组人员发现的隐患进行预评估等级。

对已经消除的隐患，运维班组填写隐患消除信息，隐患消除需要填写的信息包括验收申请单位、负责人、隐患消除、消除日期、验收是否合格、验收人、验收时间、隐患归档等。

7. 检测管理录入要求

检测结束后，应在15个工作日内将检测报告整理完毕并录入PMS2.0系统。

带电检测：带电检测指设备在运行状态下，采用检测仪器对其状态量进行的现场检测。带电检测有红外测温、紫外检测、超高频和局放检测等，随时查明设备可能存在的隐患，预知事故将要发生的部位和时间，从容的安排检修计划和组织维修力量，采购必须的备品备件，以便在短时间内高质量的完成检修工作，保障设备运行安全。

停电试验：停电试验指需要设备退出运行才能进行的试验。停电试验主要针对电气或机械性能，例如耐压试验、绝缘试验、回路电阻试验等。

检测人员完成检测后，登记检测结果，在检测过程中发现缺陷或隐患时，进行缺陷登记。主要分为变电带电检测周期维护、变电带电检测计划编制、变电带电检测记录录入、变电带电检测情况异常统计、变电带电检测完成情况统计等功能。

8. 检修管理

检修业务主要是按照检修计划安排，对设备和设施进行维护、检修、试验，并对运行巡视、在线监测、带电检测、试验等手段发现设备和设施的缺陷、隐患和故障进行处理，保障设备和设施的安全运行。

检修管理管理包含年检修计划、月检修计划、周工作计划、停电申请单、停电停役、工作任务单等。检修公司（县公司）依据已下达年/月检修计划，统筹考虑专业巡视、消缺安排、日常维护等工作制定月/周工作计划。计划审核批准后，由各级公司计划检修专责将工作任务下发到相应班组，由班组人员执行任务计划，完成后进行验收结束。

9. 计划检修录入要求

（1）检修计划来源为缺陷、大修计划、状态检修年度计划、到期检修设备和其他需要检修的设备，其中缺陷在消缺安排环节自动生成任务，大修计划、状态检修年度计划在计划发布后自动生成任务，到期检修设备及其他需检修设备在计划编制时可以直接选择设备，系统自动生成任务。

（2）年度计划可分解编制月度计划，各单位可以根据实际情况选择月计划是否需要分解拆分周计划。

（3）停电检修计划需经调度审核发布。在启动流程时应发送到"运检计划专责"审核，并发送到调度平衡环节，而不是"停电计划审核"。

（4）不需要停电的检修工作直接编制工作任务单。

PO 互联计划检修工作流程如图 2-5 所示。

10. 临时检修录入要求

（1）临时停电工作，直接选择缺陷任务、到期检修设备或其他需检修设备编制停电申请单。

（2）停电申请单需发送调度批复。

（3）不停电的临时工作直接选择缺陷任务、到期检修任务或其他需检修设备编制工作任务单。

临时检修工作流程图如图 2-6 所示。

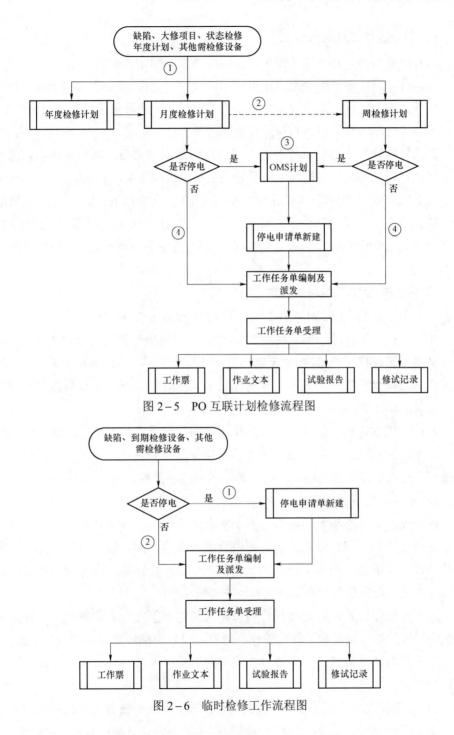

图 2-5 PO 互联计划检修流程图

图 2-6 临时检修工作流程图

11. 停电检修工作录入要求

（1）停电检修计划应由运维单位发起经调度审批完成发布。

（2）月、周计划，如果配合停电计划选择的"是"，计划批复后流程直接会变成终结状态。建议：配合停电计划在系统中是否配合停电字段选择"否"。

（3）计划编制新菜单可直接进行计划的新建：

编制检修计划不需进入任务池，直接在计划编制菜单编制检修计划，自动计划编制新菜单可直接进行计划的新建提取信息反向生成任务池。

以上操作仅针对非消缺类工作，如果是消缺的检修工作，仍应登记缺陷并将缺陷入池，在检修计划编制的新菜单中，在上方将"任务来源"设置为"缺陷"，即可找到入池的消缺任务，勾选该任务，再点击下方的"新建"按钮。

12. 不停电检修工作录入要求

对于不停电的检修工作，PMS2.0系统并未要求一定要有检修计划，直接新建任务单。在"工作任务单编制及派发（新）"菜单中可以直接编制任务单，在任务单编制完成时，PMS2.0系统自动生成任务池任务，该任务并不需要用户再去操作。在该菜单中，上方不需要勾选任务或者计划，下方直接点击"新建"即可编制工作任务单并派发到班组。

通过这种方式直接新建工作任务单，针对的是不需停电检修工作，因此这种任务单派发到班组之后，班组仅能针对该任务单开具第二种工作票，即使该人员有其他类型工作票权限也不能选择，以免发生使用错误。

13. 状态评价录入要求

状态评价是状态检修的核心内容。状态评价应通过持续开展设备状态跟踪监视和趋势分析，综合专业巡视、带电检测、在线监测、例行试验、诊断性试验等各种技术手段，依据电网设备状态评价导则进行评价，准确掌握设备运行状态。设备状态评价分为定期评价和动态评价。

（1）定期评价管理：定期评价指每年为制定下年度设备状态检修计划，集中组织开展的电网设备状态评价工作。输变电设备定期评价每年不少于一次。

（2）动态评价管理：动态评价指除定期评价以外适时开展的电网设备状态评价工作。

1）新设备首次评价：基建、技改设备投运后，综合设备出厂试验、安装信息、交接试验信息以及带电检测、在线监测等数据，对设备进行的状态评价。

2）缺陷评价：指发现设备缺陷后，根据设备相关状态量的改变，结合带电检测和在线监测等数据对设备进行的状态评价。

　　3）经历不良工况后评价：设备经受高温、雷电、冰冻、洪涝等自然灾害、外力破坏等环境影响以及超温、过负荷、外部短路等工况后，对设备进行的状态评价。

　　4）检修评价：设备检修试验前后，根据设备最新检修及试验相关信息对设备进行的状态评价。

　　5）家族缺陷评价：指上级发布家族缺陷信息后，对运维范围内可能存在家族缺陷的设备进行的状态评价。

　　6）特殊时期专项评价：各种重大保电活动、电网迎峰度夏、迎峰度冬前对设备进行的状态评价。

第三章 PMS2.0 系统常见问题及解决方法

以下典型问题及解决方法主要针对系统应用过程中常见的权限类、台账类、图形类、图形质检、业务应用类以及跨系统接口类问题进行汇总、提炼，供各供电企业参照。

第一节 权限类问题及解决方法

1. 无门户账号

若新增用户无门户账号，需向地市信通公司申请门户账号。

2. 登录时报"用户验证失败，请联系管理员"

此问题是由于用户密码错误，用户需联系地市信通公司，查询或者修改密码。

3. 系统导航窗口显示空白

此问题是由于人员角色分配时，未设置缺省角色；可联系地市公司 PMS2.0 系统管理员进行缺省设置。

4. 新建票时选不到票类型

由于人员缺少两票的组织角色导致，可联系地市公司 PMS2.0 系统管理员添加两票的票的工作负责人角色即可。

5. 用户登录 PMS2.0 系统，只显示账号不显示中文姓名与部门名称

这是由于用户账号未配置缺省角色，需要联系地市公司 PMS2.0 系统管理员对人员进行缺省角色的配置。

6. 带电作业工作票工作班成员选择不到

带电作业人员资质管理未配置或者人员证书过期，人员资质状态为编辑状态，未审核发布。解决方法：进入电网运维检修管理—带电作业管理—带电作业人员资质维护页面，点击"新建"按钮，打开人员资质信息维护页面，填写信息后保存，系统同时提供对编辑状态的人员资质信息进行修改、删除、提交审核和查看功能。

7. 输变电人员首页面配置

实施人员可在岗位角色菜单配置的左侧角色专业分类树选择角色，点击"新建"按钮，为该角色进行岗位角色菜单配置，在菜单名称中选择功能（可多选），并选择对应的首页面分类，完成角色菜单配置；输变电专业班组人员登录前需要清除浏览器缓存，登录后系统首页后会弹出"岗位角色"，用户选择自己对应的岗位角色，确定后首页会根据角色展示对应的功能页面。

8. 登录 PMS2.0 系统后，点击里面内容发现很卡

检查是否为谷歌浏览器，非谷歌浏览器登录 PMS2.0 系统都会比较卡。

9. 无法登录 PMS2.0 系统

首先，检查本单位网络是否正常；其次，换台电脑重试登录 PMS2.0 系统；然后，清除浏览器缓存。

10. 登录 PMS2.0 系统后，系统导航无菜单或者所需要的菜单没有

此问题是没有分配权限，请联系地市公司 PMS2.0 系统管理员进行人员权限分配。

11. 登录 PMS2.0 系统后，页面报错"操作异常"

出现此错误，一般是人员没有权限并且没有同步，请联系地市公司 PMS2.0 系统管理员进行权限分配，然后由 PMS2.0 系统运维组进行账号同步。

12. 登录 PMS2.0 系统后，发现人员所在的组织机构不正确

此账号人员的缺省设置错误，请联系地市公司 PMS2.0 系统管理员在 ISC 权限配置中设置账号缺省后，再由 PMS2.0 系统运维组进行同步。

13. 登录 PMS2.0 系统或者图形客户端，提示"用户名或密码错误，请重新输入"

现有 PMS2.0 系统账号必须确保能够登录企业门户目录，出现用户名或密码错误，属于门户账号错误，请联系信通公司解决。如果门户可以登录，PMS2.0 系统不能登录，则是系统账号权限没有同步原因造成，可修改门户密码后 PMS2.0 系统则可以登录，不必联系信通公司重置账号。

14. 人员组织机构调整后，人员所在的单位发生改变，需要将某人员从一个班组移到另一个班组

联系地市公司 PMS2.0 系统管理员，将缺省设置到此人员目前所在的单位下，然后由 PMS2.0 系统运维组进行人员账号同步。

15. 登录 PMS2.0 系统后，发现登录账号为英文

首先，登录 ISC 系统检查此账号是否有重复账号，如果有重复账号，请地市人员联系 ISC 项目组删除多余账号；其次，联系地市公司系统管理员登录 ISC 系统检查是否已分配权限，如果已分配权限，请联系 PMS2.0 系统运维组进行人员账号同步。

16. 登录图形客户端，"所属责任区"为空，无法选择

出现此问题，地市人员直接联系 PMS2.0 系统运维组图形负责人解决。

17. 配网抢修人员 APP 账号如何配置

登录 PMS2.0 系统进入"抢修资源维护"菜单，选中相应的内部队伍中的抢修队伍，勾选该队伍中的一名抢修队员，点击"修改"。在弹出"抢修队员修改"对话框中点击"同步 ISC"按钮，弹出"同步 ISC 人员"对话框，点击"所属部门"下拉框（下拉框中展示的是 PMS2.0 系统中的组织机构部门），选择部门后点击查询按钮，即可查询出在该部门下所有的 PMS2.0 系统人员账号信息，勾选一个 PMS2.0 系统账号，点击"同步"，在"抢修队员修改"对话框中点击"保存"。这样抢修资源中的人员就可以与 PMS2.0 系统的账号（即 ISC 账号）已经绑定，抢修资源中的人员就可以用 PMS 账号在终端去登录。

注意：一个 PMS 账号如果已经被一个抢修队员绑定，则该 PMS 账号不能再次被别的抢修队员选择。如果要解除绑定，可删除该抢修队员，绑定关系自动释放，最后再重新新建该抢修队员。

18. 人员登录首页面如何配置

打开系统配置—公共组件配置—首页面配置页面，在上方多个小窗口中任选一个右击选择"增加"，然后点击打勾按钮，选择一个需要展示的内容；（注意不能多选，只能选择一个），"确定"后，点击上方"保存"，然后刷新页面，可自动加载首页面。

在右下方选择"图形展示"，可查看专题图，选择"单线图"，可搜索单线图名称，双击可打开单线图。

19. 组织机构维护原则

关键字段填写完整、规范、准确。

（1）班组名称。班组命名应与现场一致，同一组织机构下不应存在命名相同的班组，且命名不应存在逻辑错误，专业班组名称中应包含专业名称、业务职能与班组排序。

（2）部门性质。部门性质分为单位、部门和班组三种，供电所应为班组，不应出现除以上三种之外的其他部门性质描述。

（3）单位级别。班组的单位级别分为输电班组（801）、变电班组（802）、配电班组包括配抢班组（803）、输变配一体化班组（804），不应出现其他不规范填写。

（4）运维单位。班组的运维单位填写不应出现逻辑错误，如某班组的运维单位为该班组。

班组名称、部门性质、单位级别对应准确。班组名称应与其所属专业的部门性质（班组）、单位级别（输电班组、变电班组、配电班组、输变配一体化班组）准确对应，部门名称与其所属专业的部门性质、单位级别准确对应，其中部门性质与单位级别不能为空项且应填写规范。

20. 如何不退出图形客户端切换用户

在图形客户端中，点击【系统管理】，在系统管理中点击【切换用户】，在弹出的登录窗口中输入用户名和密码进行登录用户的切换。如图 3-1 所示。

图 3-1　切换用户

第二节　台账类问题及解决方法

1. 系统中型号、厂家缺失

当标准需要变更时，由地市提出变更申请，上报地市公司运检部或省公司运检部审核；由省公司运检报送总部审核发布。110kV 及以下设备由地市公司审批发布，220kV 设备由省公司审批发布。标准数据变更申请页面，点击"新建"，弹出标准变更申请单维护窗口，如图 3-2 所示。窗口中变更数据列表分页，可以维护生产厂家、设备型号及型号对应参数，完成操作后将"标准数据变更申请"以此流程发送，县公司人员申请的单子需经地市公司审核后发到省公司审核再发送国家电网公司。

2. 检修人员检修时选不到设备

检修人员检修选择变电站或者线路等设备台账时无法看到对应的设备，需运维人员通过设备变更审核流程进入台账维护将变电站或者线路的专业班组进行维护，实现检修班组人员在开工作票或新建试验报告等可以选择变电站或线路。

3. 创建配网分段线路下设备

图形发布完后，运维人员通过线路设备树找到对应的线路，对线路杆塔进行排序，然后在分段线路下新建支线，通过支线下杆塔、导线等设备进行认领。

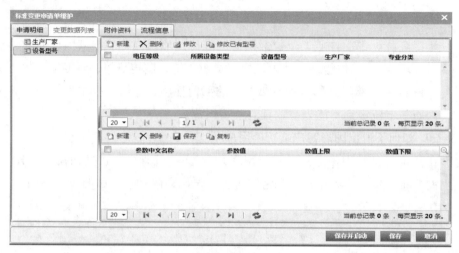

图 3－2　标准变更申请单维护界面

4. 批量领取杆塔

在分段线路领取杆塔时，可以选择起点杆塔号，并勾选起点杆塔到所终止的杆塔号进行批量认领杆塔。

5. 维护三相设备的相别

通过设备变更审核流程进入台账维护进行操作，在变电站间隔下新建变压器、避雷器等设备时可以选择单相、三相维护设备的相别，如果通过铭牌创建台账仅显示主变压器相别相数的选择。

6. 配网铭牌批量复制新增功能

在配网铭牌新建时，如果间隔下的设备构造一致，可以使用复制新增功能，复制变电站内的间隔以及间隔下的设备，复制的间隔和设备编码和名称必须确保唯一性。

7. 配网铭牌结束流程

配网铭牌审批后到铭牌执行，首先通过设备变更审核流程进入台账维护和图形维护，然后在图形维护完发布并结束流程，在台账维护中创建台账并生成间隔以及间隔下的设备，铭牌将图形及台账进行关联后，铭牌可在执行任务中选择需要执行的铭牌。

8. 铭牌注销提示还关联设备，无法注销问题；铭牌关联错误台账等，铭牌被占用问题

若还存在铭牌无法注销，或关联台账找不到铭牌问题，释放铭牌请报《数据治理模板》清除铭牌关联反馈处理，PMS2.0 系统运维组释放后自行处理。

9. 铭牌关联错误间隔

此类铭牌为"关联正确的台账和图形但关联错误的间隔",可自行解除"铭牌与图形关联关系",而"铭牌与台账的关联关系"上报 PMS2.0 系统运维组解除,解除铭牌与图形、台账关联关系后,满足将铭牌与间隔的关联关系解除的条件,可自行解除。

10. 由于操作原因将铭牌关联到错误的间隔单元下

可以点击"取消关联铭牌"按钮,取消铭牌与间隔单元的关联关系,重新关联至正确的间隔单元下。如果铭牌已关联图形或台账,无法通过"取消关联铭牌"功能处理,请重新从 OMS2.0 系统同步一次,会取消铭牌与间隔关联。

11. 设备台账运行状态异常

设备状态异常导致台账在维护页面查询不到,提供正确的运行状态,报数据治理模板反馈 PMS2.0 系统运维组处理,对于同步 ERP 的设备应提供 ERP 系统设备状态截图。

12. 绘制图形过程中发现缺失配网铭牌如何处理

若图形维护配网设备需要新增铭牌时,首先需要把图形发布结束流程,然后再台账维护中把配网设备以及间隔自动生成,在铭牌执行任务中,把配网站房执行,然后在配网铭牌新建对话框内,点击所属电站名称,选择铭牌库,按站房电压等级找到执行的配网站房,最后创建需要的铭牌。

13. 批量修改设备台账

批量修改操作分为"按设备类型""按间隔单元"两种维度,通过设备变更审核流程进入台账维护,点击批量修改,如图 3-3 所示,可以把电站下所有的此类设备批量进行维护。

图 3-3　批量维护设备参数

14. 混合线路台账中只能看到架空设备分类或只有电缆设备分类

此问题是由于架设方式错误导致，先核实现场实际情况，如绘制错误图形修改；如核实为"混合"线路，在图形客户端中线路属性中修改线路类型字段，改为"混合"，图形发布后，台账自动更新。

15. 台账不能认领

先确认被认领的设备维护班组字段是否维护正确，与当前认领操作的人是否为同一班组，操作时是否提示被其他任务锁定，如被锁定，将锁定的流程结束，即能正常维护。

16. 线路设备在导航树上不显示

首先确认设备运行状态，导航树只展示在运、未投运的设备；非铭牌设备查询 ssxl 和 ssfdxl 字段是否存在相应线路，线路逻辑关系是否正确；铭牌设备查询 zzmc 和 ssxl 字段是否存在相应线路，线路逻辑关系是否正确。

17. 设备台账在查询统计中看不到

先确认设备台账是否"发布"，其次核实用户的查询条件与设备相关字段是否一致。另外，设备台账丢失了所属线路、所属杆塔关系的情况下，也可能在查询统计中看不到，需要联系 PMS2.0 系统运维组通过后台把关系建立。

18. 分段线路在流程中"新建"按钮为灰色，不可用

主线路的维护班组与维护人班组一致的情况下，设备变更申请类型为"设备新增"，该流程下可在分段线路列表中进行新增；主线路维护班组与维护人班组不一致的情况下，需在专业班组中加入维护人所在班组，进行设备变更流程，在设备全树下找到该线路进行分段线路新建。

19. 分段线路下的设备认领

在台账任务中，对应的分段线路下，点击台账上"支线/分段线路关联"进行杆塔、导线、柱上设备的认领工作。

20. 分段线路下设备认领错误，需要找回至主线下

若分段线路设备认领错误，可在分段线路设备列表中选中错误的设备点击"认领找回"，然后重新对相关设备进行认领。

21. 台账中线路与电站的挂接关系错误（即线路起始电站错误）

在图形维护流程中，利用"线路关联"功能重新变更线路的起始点设备，保存完成图形发布后台账侧自动变更。

22. 分段线路在认领杆塔、导线等设备时，设备列表不显示数据

造成该问题的原因主要有两个：一是杆塔导线等设备维护班组未维护或与

登录人不一致；二是这些设备在其他任务中锁定。建议现场先对维护班组进行维护确认，如果维护班组正确，可验证是否由其他任务锁定或联系项目组处理。

23. 同一条线路由两个运维单位共管，如一条线路中前面一段为城网设备，后面一段杆塔为县公司设备，现县公司人员无法查看到自己管辖的设备

由线路维护班组（即前段线路维护班组）所在人员维护线路台账中的"其他运维单位"，如图 3-4 所示，选择相应县公司并维护，发布台账流程后，县公司人员即可看到该线路及线路下设备。跨地市线路同理。

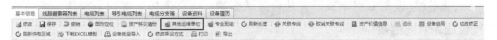

图 3-4　其他运维单位

24. 对于跨区输电线路，台账详情展示不完整

按照目前系统对跨区线路的管理，跨区线路主线维护为跨区域，然后各相关单位均在主线下新建分段线路，认领本单位的设备，可在各分段线路中查看台账详情。

25. 柱上设备所属线路（所属杆塔）错误

首先判断该柱上设备图形中所属线路是否错误。如果图形中所属线路错误，则在图形维护流程中选中设备，设备导航树找到其正确的所属线路，右击"局部刷新所属线路"，待图形发布后，在台账中找到该设备选中后点"切改修正"（根据图形中所属线路自动变更台账中参数），所属杆塔错误问题同理。如果图形中设备的所属线路正确，直接新建台账修改流程，在台账中找到该设备选中后点"切改修正"即可，所属杆塔错误问题同理。

26. 如果柱上设备在"切改修正"时提示未找到其所属杆塔

若在切改过程中提示'设备在图形设备表中未找到其所属杆塔'，需判断该设备是否图数对应，若图数对应无误则在图形中对该设备进行所属杆塔刷新或删除该设备重绘后再进行"切改修正"。

27. 数据治理过程中，导线重新定义新建新导线后，原有导线在图形客户端可以删除，但台账端的导线不应该退役，如何处理

该问题可通过台账合并功能解决，在台账维护时，选择台账中无图形的一条导线台账和新创建的导线台账，点击台账合并，解决该问题。

28. 跨区域线路如何维护

对于跨地市、跨工区线路，线路起始段的运维单位进行线路维护，在管理分界点处使用"区域分界点"图元作为本单位图形维护的终点（区域分界点可依附杆塔建立，也可作为导线的终端）；线路后段的运维单位新增"区域分界点"为起点，使用超连接线与首段线路连接，完成剩余部分线路的绘制，保证线路的拓扑连通。

29. 设备台账在设备台账维护中找不到，但是查询统计中能查到

设备所属间隔丢失导致。只需提供设备名称，设备类型，设备 obj‒id 以及其所属间隔 obj‒id 给项目组，让项目组进行关联即可。

30. 发起设备变更申请后无法台账"新建"或"退役"按钮为灰色，无法进行台账新增或退役

设备变更申请单有 6 种申请类型，其中变电常用的为"设备新增""设备修改""设备投运"和"设备退役"。其中台账新增必须发起"设备新增"流程；台账退役必须发起"设备退役"流程；设备投运操作可以发起"设备投运"流程，也可以在"设备投运管理"里对设备进行批量投运，一般使用后者；图形新增或修改可以发起"设备修改"流程，也可以发起"设备新增"流程，一般使用前者。

31. 新建变更申请单时，工程编号填写错误，导致同步时的工程编号与清册不一致，同步不成功，如何处理

在确认同步页面，系统提供了"修正工程编号"的功能，在此可输入正确的工程编号进行同步。

32. 铭牌 PO 重新互联办法

OMS2.0 建好设备后，同步至 PMS2.0 系统，启动一个设备修改流程，重新关联新的铭牌。

33. 关联铭牌后变电站及设备名称如何修改

若铭牌已关联图形，需要修改图形中的变电站及设备名称时，首先需要在电系铭牌维护中修改名称，然后通过设备变更审核流程进入台账维护修改变电站及设备名称，在进入图形进行刷新铭牌操作，最后发布并结束流程。

34. 工器具及仪器仪表台账维护时选取不到存放地点

请选择"电网资源中心—工器具及仪器仪表管理—工器具及仪器仪表库存地点管理—存放地点维护"，点击"标记"，在图形中定位到具体的地点，完成存放地点新建。

35. 维护低压接户线

首先通过导线重定义创建好低压导线台账，在台账维护时，填写"是否接户线"时选择"是"即可。

36. 某变电站更改运维单位和班组，站线迁移操作及注意事项

通过使用电网资源管理—站线迁移申请功能—原班组人员发起流程，选好变电站，发送运检部审核，再发送至接收班组修改—现运维单位自动生成，填写现资产性质和资产单位，现维护班组，点击"任务处理"，系统自动同步主数据到 ERP 系统。完成数据迁移后新建一个台账参数修改流程，设置变电站的专业班组，审核发布流程。在 PMS2.0 系统图形客户端变更运行责任单位（责任区，注意最后的大馈线不要勾选）。

如果是新成立变电运维班组迁移所有变电站，则配置一个班组人员账号到新班组目录下，迁移完成后要进行运行日志初始化，配置其他人员账号到新班组下面。

37. 同步报"设备打包失败，原因为：工程编号：GGXM2018021556 正在由×××进行同步，请稍后同步。"

点击"解锁工程编号"，弹出确认信息对话框，点击"确定"即可。

38. 隔离开关附属的接地刀闸如何处理

PMS2.0 系统中隔离开关和接地刀闸设备类型均为"隔离开关"，根据设备台账信息中"类型字段"区分。接地刀闸的台账模型与隔离开关一致，接地刀闸的"类型"字段选择"接地开关"，当"所属隔离开关"字段有值时，地刀为附属设备，随同所属隔离开关一并转资；若所属隔离开关"字段为空，则作为独立地刀，单独进行转资。

39. 更换设备录入

对于更换的设备需在系统中发起设备变更申请流程，申请类型选择"设备更换"（只需勾选台账变更，设备更换时图形不需做任何修改），在台账维护时找到该设备，点击设备台账上方的设备更换，系统会自动退役掉旧台账同时生成新台账，维护完新台账发布即可。

40. 变电站升压

在"主网电系铭牌维护"页面中选择需要升压的变电站，点击"修改"，在弹出的页面中修改变电站的电压等级即可。铭牌电压等级修改完成后，需在台账中重新关联铭牌，图形中刷新变电站的铭牌。

41. 有站内开关和无站内开关的电缆分支箱维护台账

有站内开关的电缆分支箱台账在站内一次设备中进行维护，无站内开关的电缆分支箱台账在线路设备中进行维护。

42. 修改设备名称

对于有铭牌的设备，修改设备名称需首先修改铭牌名称，铭牌名称修改完成后，在台账维护页面需重新关联电系铭牌，在图形维护中需使用刷新铭牌功能刷新电系铭牌；对于无铭牌的设备，修改设备名称需在图形中选中设备后，在设备属性中修改设备名称，图形发布后台账中设备名称自动变更。

43. 设备退役注意事项

设备退役应首先退役图形再退役台账，退役图形在客户端中删除图形即可。对有铭牌设备解除铭牌后删除图形，无铭牌设备直接删除图形。配电变压器退役前营销 SG186 系统中关口表应拆除，无低压用户。

44. 设备更换注意事项

设备更换无需删除图形直接在台账中点击设备更换即可重新建立设备台账与图形的关联关系。

45. 杆塔设备报删填写说明

由 PMS2.0 系统运维组在删除杆塔台账时，会根据删除模板中提供的杆塔运行设备编码筛选运行杆塔和物理杆塔数据，并将运行杆塔和物理杆塔台账同时删除，注意，如果存在同杆架设的情况或其他特殊情况，不需要删除物理杆塔台账，需单独加一列说明或者提供数据时，运行杆塔与物理杆塔设备编码同时提供，避免多删数据造成杆塔台账页面显示异常。

46. 配电柱上设备新建注意事项

针对配网有铭牌设备，新建柱上变压器、柱上开关等设备时，如果已存在设备对应的所属大馈线台账，新建时，需在大馈线导航树中的柱上设备文件夹下进行新建，这样新建，设备所属大馈线自动写入台账，在线路导航树中新建无法自动获取其所属大馈线。

47. 线路台账中总长度与架空、电缆线路长度和不一致

新建台账修改任务，在流程中首先检查线路下杆塔及电缆段长度是否正确，然后点击线路台账上方"长度刷新"按钮（长度刷新功能系统会自动将线路下杆塔档距及电缆段长度加和）。

48. 台账中杆塔性质错误需修改

杆塔性质为从图形中带入属性，无法直接通过台账修改进行维护。若要修改需在图形维护流程中利用"杆塔转换"功能切换杆塔性质，物理杆塔及运行杆塔性质均可用此功能转换。

49. 台账中杆塔页面数据空白

杆塔台账页面数据空白为运行杆塔和物理杆塔关联关系缺失导致，原因有以下几种：① 有台账无图形物理杆塔单独报删，导致运行杆塔台账缺失了关联的物理杆塔；② 使用设备合并功能合并杆塔后，合并到了原本没有关联物理杆塔的运行杆塔上，导致运行杆塔台账缺失了关联的物理杆塔；③ 在图形中变更过运行杆塔的所属物理杆塔，但图形物理杆塔无台账，图形发布后，导致运行杆塔台账缺失了关联的物理杆。

针对以上情况：物理杆塔报删时，需确保已无关联的运行杆塔台账；使用设备合并功能时，需确保待合并的杆塔和被合并的杆塔数据的准确性，杆塔台账参数必须都为可见非空白状态；图形变更运行杆塔的所属物理杆塔时，需确保新的物理杆塔图形有对应的台账。

杆塔台账参数空白处理方式：图形中重新更新运行杆塔的所属物理杆塔，若图形物理杆塔已无对应台账，在原位置删除图形物理杆塔并重新绘制；提供运行杆塔设备编码和物理杆塔设备编码，联系 PMS2.0 系统运维组进行后台关联。

50. 输电设备录入不规范典型错误

（1）输电线路：有起点、终点的类型与位置填写不符，起点、终点名称录入不规范，线路长度填写错误等。

（2）导线：型号填写不规范，导线股数和导线分裂数填写不准确等。

（3）地线：型号、地线股数填写不准确等。

（4）杆塔：常见的问题有档距（填写为 0 等）、基础形式填写不准确，呼称高和杆塔高填写错误（呼称高大于杆塔高等），固定方式、杆塔型号填写不规范等。

（5）电缆段：截面积填写错误，载流量填写不准确，电缆未按照要求录入电缆中间接头等。

51. 变电设备录入不规范典型错误

（1）共性问题：设备生产厂家填写错误，出厂日期和投运日期填写不准确，相数与相别的填写不对应，额定电压、额定电流填写不准确，设备名称填写不规范，总重填写未注意单位等。

（2）主变压器：负载损耗、空载电流、额定电流、自冷却容量填写错误，冷却方式与设备型号不对应，绝缘介质与冷却方式填写不对应，电压比填写不准确，油号和油产地填写错误等。

（3）电流互感器：爬电比距填写不准确，额定电流比填写不规范，热稳定电流、动稳定电流填写错误等。电压互感器常见的问题有额定电压比与二次绕组不对应，爬电比距填写不规范，二次绕组数量填写不准确等。

（4）断路器：合闸时间、分闸时间、套管爬电距离、干弧距离填写不准确，额定短路开断次数、额定短路关合电流、动稳定电流填写不规范，组合设备类型与结构形式填写不匹配等。

（5）隔离开关：主回路电阻填写不准确，操作形式，设备型号填写不规范等；组合电器常见问题有设备型号填写不准确，基本信息中的设备数量与台账录入的数量不符等。

（6）电抗器：额定电感填写错误，冷却方式填报不合理等。

（7）开关柜：柜面宽度填写不准确，额定电流、额定电压填写不规范等。

（8）母线：截面规格、母线材质填写与型号不符，结构型式填写不准确、额定电流填写不规范等。

52. 配电设备录入不规范典型错误

（1）共性问题：资产性质填写不准确或者填写为空，地区特征填写为空，设备额定电压、额定电流填写不规范等。

（2）配电线路：电缆长度，架空线路长度填写与线路类型不匹配等；配电电缆中间接头填写有误，线芯材料与型号不匹配等。线路起点位置存在问题，例如起点位置 ID 与名称不匹配，线路起点电站存在问题，例如电站名称在电站表中查不到，线路为运行状态而起点电站不在运行状态。

（3）配电变压器：空载损耗、短路损耗填写不准确，型号与额定容量不对应，空载损耗应小于短路损耗，无功补偿容量、配变总容量填写不规范，变压器型号不准确，填写为箱式变电站的型号等。

（4）箱式变电站：配变总容量填写不准确，型号填写不规范。

（5）柱上变压器：短路损耗、空载损耗填写不准确，接线组别填写错误。

（6）柱上断路器：额定短路开断电流、开断电流有效值填写不准确。

（7）柱上负荷开关：最大开断电流、额定关合电流填写不准确。

第三节　图形类问题及解决方法

1. 在图形维护流程中，添加、删除等按钮为灰不可用

在设备变更申请发送至班组长变更审核时，需在发送下一环节前勾选"变更图形拓扑"，变更审核界面如图 3-5 所示。

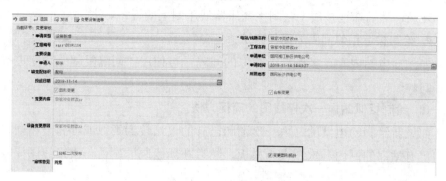

图 3-5　变更审核界面

2. 输电线路支线切改

使用节点编辑功能将输电支线切改至另一条输电线路上，打开输电线路树，定位至已经切改的输电支线，在地理图中选择分支线新的起点设备，在输电线路树分支线上右键点击"更新分支线起始点"，在弹出的窗口中点击"是"，完成更新操作。

3. 调整站房面积

绘制站房时如果面积过大或者过小，可使用"站房缩放"或者"节点编辑"功能，选中站房后进行站房的放大或缩小。

4. 绘制站房注意事项

站房面积不要绘制过大，如超过 1 万平方米，如果站房面积绘制过大，关联铭牌后在图形上无法显示。

5. 绘制站内一次设备

绘制站内一次设备，如母线、主变压器、配电变压器、断路器等，需首先使用图形管理中的"打开站内图"功能，在站框范围内打开站内一次图模板，在模板中进行站内一次设备的绘制。

6. 绘制站内一次设备简便方法

绘制站内一次设备，可使用"按铭牌添加"功能进行绘制，较为方便。

7. 在母线下绘制设备

在母线下面绘制站内一次设备，如断路器、隔离开关等，需首先添加一段"站内一连接线"，在连接线上或者连接线末端绘制站内一次设备。

8. 绘制变电站主变压器间隔注意事项

绘制变电站内主变压器间隔时，绘制完主变压器高压侧间隔、主变压器间隔后，需首先绘制低电压等级的母线，然后通过站内连接线将主变压器和母线进行连接，然后在连接线上绘制主变压器低压侧上的设备。

9. 绘制构造相似间隔的简便方法

如果变电站内存在多条构造相似的间隔，可使用"间隔复制"功能进行间隔复制。

10. 绘制相似站内一次接线图的简便方法

如果新绘制的电站的站内一次图和已有的电站较为类似或者完全相同，可以将已有站房的站内一次图设为模板，然后在新绘制的站内一次接线图模板中进行添加。

11. 绘制相似站房以及站内一次接线图的简便方法

如果新绘制的站房的面积以及站内一次接线图和已有的站房较为类似或者完全相同，可使用"整站复制"功能，将已有的站房以及站内一次设备全部进行复制。

12. 使用间隔复制、站内模板添加、整站复制功能注意事项

使用间隔复制、站内模板添加、整站复制功能，设备复制完成后，需选中设备进行关联铭牌。

13. 如何进行间隔位置调整

如果变电站内进线、出线间隔或者主变压器间隔位置需要调整，可使用"间隔调整"功能进行间隔位置的微调。

14. 如何控制站内一次设备名称的显隐

绘制完站内一次设备后，默认不显示设备名称，需要选中设备后，使用"注记编辑"功能，在添加标注字段中，选择"设备名称"，是否标注选择"是"，设置完成后，点击保存，在图形上即可显示设备名称。

15. 删除母线下间隔上的所有设备注意事项

如果需要删除母线下间隔上的所有设备重新绘制，需首先点选间隔上的某一个设备，然后在弹出的窗口中选择该设备所属的间隔，最后点击"删除"。

16. 使用"刷新铭牌"功能

如果在谷歌浏览器（BS）端修改了间隔或者设备的铭牌名称，需在图形客户端中首先选中修改了名称的间隔或设备，然后使用"刷新铭牌"的功能来更新间隔或者设备的名称。

17. 站内图形绘制时选取不到电系铭牌

有铭牌设备在删除前先"铭牌解除"，对于已删除重绘时选不到铭牌的设备上报 PMS2.0 系统运维组进行铭牌释放。整个间隔删除后重绘新建间隔时无法选择铭牌的问题,可检查设备导航树是否存在间隔的空虚拟设备(间隔下不含任何设备),可将导航树中间隔删除再次绘制时即可选择。

18. 检验设备绘制是否存在拓扑错误

设备绘制完成后,需检验设备绘制是否存在拓扑错误,可使用"拓扑校验"功能选中设备检测设备是否存在拓扑错误。

19. 检验各设备之间是否连通

设备绘制完成后,需检验各设备之间是否连通,可使用"电网分析中"的"拓扑校验"功能中的"连通性检验"功能来检查设备之间是否连通。

20. 检验站房内所有设备拓扑连通性

检验设备绘制是否存在拓扑错误,可使用"电网分析中"的"拓扑校验"功能中的"层级检测"功能的"站房检测"功能,选中站内任何设备可进行全站设备拓扑联通性检测。

21. 电缆入沟使用说明

对于有埋设的电缆,绘制完电缆埋设后,需使用"添加截面"功能,在埋设内添加截面,并使用"电缆关联埋设"功能将电缆进行入沟。

22. 查看电缆埋设剖面信息

可使用"埋设剖面图"功能,选中电缆截面后查看电缆埋设剖面信息。

23. 查看电缆井展开图信息

可使用"电缆井展开图"功能,选中电缆井之后查看电缆井展开图信息。

24. 调整电缆角度

如果要调整电缆的角度,可使用"节点编辑"功能,选中电缆后,在电缆拐角处选中节点进行电缆角度调整。

25. 绘制耐张杆塔快捷操作

绘制架空线,默认第一级和最后一级杆塔为耐张杆塔,如果需要在始末两级杆塔之间绘制耐张杆塔,则首先需要按住键盘上的"Ctrl"键,然后单击鼠标左键完成绘制。

26. 如何从电站出线电缆接头引架空线

从电站往外引线路,如果引的架空线,则必须首先添加"站外超链接线",然后在超链接线后接架空线路,如果引电缆线路,则可添加"站外超链接线",也可添加"站外电缆段"。

27. 在当前视图范围之外绘制线路

绘制架空线路或者电缆线路时，如果需在当前视图范围之外继续绘制，需同时按住键盘上的"Shift+C"键，进入漫游状态，然后拖动视图，拖动至相应位置后，按键盘上的"Esc"键结束漫游状态，继续进行线路的绘制。

28. 修改线路名称

如果需要修改线路名称，需首先修改电站出线电缆接头名称，然后点选所要修改的线路上的某一个设备，在弹出的窗口中选择"馈线"或者"线路"项，点击"确定"，然后点击设备属性，在弹出的窗口中可修改馈线或者线路的设备名称。

29. 线路切改

首先使用"节点编辑"功能，然后选中需要切改的线路，在需要打断的线路节点处，单击鼠标右键进行节点打断，拖动已打断的线路连接到需要改切的线路节点，最后使用"线路更新"功能来更新线路设备"所属线路"字段。

30. 同杆共架绘制说明

首先从电站或者其他线路上引一段导线，然后找到需要同杆的杆塔，在物理杆塔图元范围内确定运行杆添加位置，双击鼠标左键完成运行杆的添加，如果是同杆三回，依照此操作方式进行运行杆塔的添加。

31. 高低压公共杆绘制说明

从低压杆塔或低压站房引一段导线，然后找到需要高低压共杆的高压杆塔，在高压物理杆塔图元范围内确定运行杆添加位置，双击鼠标左键完成低压运行杆的添加。

32. 馈线分析功能

配电线路维护所属馈线：从变电站出一条 10kV 配电线路作为馈线，若经过配电室或其他配电站房后，从站房又引出一条或者多条配电线路，则这些配电线路需要使用"馈线分析"功能维护其所属馈线。

起始电站为配电站房的线路，在绘制完成后，需进行"馈线分析"。先点击"馈线分析"，再在图形中点击线路的起始站房，客户端右侧将弹出需分析线路列表，右键将上级线路（即馈线）加入线路树，再用同样的方法将配电站房出线加入线路树，保存即可。

33. 从柱上变压器绘制低压线路说明

绘制低压线路，实际情况多为柱上变压器后引一段低压导线或者低压电缆到低压综合配电箱，然后再从低压综合配电箱往外引低压线路，但目前系统绘图方式为柱上变压器后引低压熔丝，然后在低压熔丝后接低压线路。

34. 从低压站房绘制低压线路说明

从低压站房向外绘制低压线路，实际情况存在一条出线间隔存在多个出线电缆接头，然后往外引多条低压线路，绘制时，可在绘制完出线间隔后，可通过添加低压站内连接线的方式绘制多个低压出线电缆接头，然后向外绘制多条低压线路。

35. 站外设备查找供电电源点

对于输电、配电线路设备（如杆塔、导线等），可能距离供电电源点较远，从图中无法直观的查找，如果要查找设备的供电电源点，可使用"电源点追溯"功能。

36. 如何分析变压器的供电范围

如果要分析变压器的供电范围，可选择站内变压器或柱上变压器使用"供电范围分析"功能来分析出供电范围设备类表。

37. 如何分析开关断开后的停电影响范围

如果要分析断开某一开关后影响的停电范围，可使用"停电模拟分析"功能来分析出停电范围设备列表。

38. 导线台账缺少"起始杆塔"与"终止杆塔"

先走"设备变更申请"任务，申请类型选"设备修改"，只勾选"图形变更"，然后在图形端（GIS），进入任务，定位导线，通过"设备定制编辑"中的"导线/电缆重定义"功能，选择起点和终点（鼠标点击右边的导线/电缆重定义对话窗中的"起点设备"然后在左边图中选中正确的起点杆塔，同样方法选择终止杆塔，这里注意，选择时要选运行杆）。重新关联起始终止杆塔，完成后任务提交即可。注意，如果导线无对应台账，可使用"导线/电缆重定义"功能新建导线，图形发布后，系统会生成导线台账。

39. T 接线接线方式绘制错误，需要修改 T 接线的起点杆塔

新建图形修改流程，在图形客户端中选中 T 接的第一段导线，点击"节点编辑"，按住 Shift 键即可拖动线路至合适杆塔。

40. 导线/电缆重定义两个耐张段之间，提示拓扑连通性不同，但是拓扑检查无问题

检查杆塔的属性值是否正确，核实杆塔上是否存在避雷器。通过连接点设置将避雷器拓扑打断，然后重新进行导线/电缆重定义，设置完成后，再把避雷器的连接点改成正确的。

41. 导线/电缆重定义后，图形的起始杆塔有值，但是图形发布后台账的起始杆塔不正确

首先确认起始杆塔和导线是否都能定位台账；杆塔不能定位台账，需要确认是否有台账；有台账，需要修正图数对应关系；没有台账，需要将运行杆塔重新进行绘制。

42. 杆塔台账的所有字段为空，且不能维护

确认此杆塔图形设备属性中是否有所属物理杆塔；无所属物理杆塔，用杆塔合并、更新所属物理杆功能，对物理杆塔和运行杆塔进行关联，发布图形；如果无效，需要删除物理杆塔重新进行绘制，并进行杆塔合并。

43. 运行杆塔所属导线段或所属物理杆塔缺失或者错误

在地理图中选中运行杆塔，在运行杆塔上单击鼠标右键，在弹出的窗口中点击"关联所属导线段"或者"关联所属物理杆塔"，在弹出的窗口中勾选导线段或者物理杆塔，点击"确定"，完成操作。

44. 整条线路杆塔命名错误

利用"杆号重排"功能，选中起始杆塔及终止杆塔（必须是耐张杆），对整条线路杆塔及导线重新命名。

45. 需要在线路上，新增一基杆塔

新建图形修改流程，点击"添加"按钮，选择合适的物理杆塔类型，捕捉到导线单击即可生成物理杆及运行杆，然后对相关杆塔进行重新命名。

46. 线路切改完成后，杆塔的命名错误

利用"杆号重排"功能，选中起始杆塔及终止杆塔（必须是耐张杆塔），对整条线路杆塔及导线重新命名。

47. 台账的导线长度为 0，图形定位后无设备高亮

导线的长度是根据图形中导线段的长度生成的，如台账的导线长度为 0，说明他无所属导线段，在图形中将其所属导线段更新至相应的导线即可。

48. 变电站的大小与现场存在较大差异，需要调增

若只需调整站框大小，点击"站房缩放"，选中站框即可进行大小调整；若需要站内设备随着调整，点击"站房缩放"，按住 Shift 键拖动站框，站内设备也随之修改。

49. 站内出线点无法添加

检查欲与出线点连接的站内连接线设备属性中"所属间隔"字段是否为空，若是，选中连接线，在设备导航树中找到该连接线对应间隔右击，选中"更新设备所属间隔"，更新完成后再次绘制即可正常显示。

50. 电站或某个间隔不带电

导致站内设备不带电的原因主要有进线不带电、站内拓扑不连通、站内开关未闭合。针对上述原因，首先检查电站进线是否带电，若进线带电正常（未正常带电的进线需由输电专业进行治理）可再检查站内开关状态，开关状态改变可利用"变电开关置位"进行调整，如果开关状态正常可再利用"拓扑校验"中的'站房检测'功能检查站内拓扑，对于拓扑不连通的设备利用"节点编辑"进行连接或删除重新绘制。

51. 站内设备已绘制完成，部分间隔排布顺序错误，需调整

点击"间隔调整"功能，选中间隔下的任一设备，拖动整个间隔至合适位置单击即可完成调整。选中母线设备可整体移动站内设备或母线。

52. 站内存在多个相同类型间隔（所含设备一致），如何进行快速绘制

方法一：先绘制一个完整的间隔，然后利用"间隔复制"功能对其余间隔进行复制，复制后对存在电系铭牌的设备逐个关联电系铭牌。

方法二：根据变电专业优化方案，可按照新建变电站典型接线自动生成图形和台账，并能根据间隔名称调整间隔内设备名称，设备调拨时按间隔整体切改。

53. 运行杆塔不带电，物理杆及导线段均带电

新建设备变更申请流程，在图形任务中选中运行杆塔，右击打开"属性关联"，关联所属导线段，选择任一导线段点保存。

54. 绘制低压设备注意事项

绘制低压母线、低压开关以及其他有铭牌的低压设备时，要在工具箱中的低压设备中选择图元，如果选择高压的图元则关联不到铭牌，如绘制低压母线时，选择了高压母线图元，关联铭牌时则找不到铭牌。

55. 在图形客户端中修改设备名称

绘制的设备如果要修改设备名称，可首先选中设备，然后使用"设备属性"功能，在设备属性中可修改设备的名称，修改完成点击"保存"即可。

56. 绘制无站内开关的低压电缆分支箱

如果要绘制无站内开关的低压电缆分支箱，可在工具箱中选择名为"低压—电缆分支箱"的设备图元，在电缆的适当位置进行添加。

57. 绘制有站内开关的低压电缆分支箱

如果要绘制有站内开关的低压电缆分支箱，需在 BS 端新建铭牌，然后在图形客户端中工具箱中，选择名为"站房—低压电缆分支箱"的图元进行绘制。

58. 两级杆塔之间补画杆塔

选择物理杆塔图元捕捉到导线后双击鼠标左键即可完成添加，运行杆自动生成。

59. 导线段及运行杆塔带电，物理杆不带电

新建设备变更申请流程，在图形任务中选中运行杆塔，右击打开"属性关联"，关联所属物理杆。

60. 如何在地理图只显示一条线路的设备

可在设备导航树中找到该线路，右击打开线路沿布图（在线路沿布图中无法进行设备"添加"）。

61. 配电变压器容量台账与图形中不一致

配电变压器容量在图形及台账均存在，如果存在不一致的现象可分别在图形及台账侧进行修改。也可以直接修改图形中变压器容量，待图形流程发布结束后，台账侧自动更新。

62. 利用拓扑校验工具进行线路设备联通性检测时，设备跳出为全省地图或检测到其余不相干线路设备

此为存在线路设备端子号重复问题导致，可用层级检测或一点一侧检测逐步检查存在问题的设备，然后利用节点编辑功能重新生成端子号。

63. 直线杆塔绘制柱上设备，导线段也打断，所属线路均正确但着色依旧是白色

查看柱上设备和杆塔挂接位置连接点是否一致，选定一个端子号信息，并将其复制，选中柱上设备，点击右键"连接点设置"功能，将柱上设备与杆塔。

64. 柱上设备缺少所属杆塔

进入 GIS 任务后，从"电网图形管理"→"设备导航树"中的"设备导航树"中找到相应线路下的杆塔——该设备所属的杆塔，在图形中选中缺少杆塔的柱上设备，然后在设备导航树中选中杆塔点击鼠标右键，在弹出的下拉菜单中选择"更新所属杆塔"，弹出"请选择可更新的设备"对话框，勾选设备，确认。

这里需注意同时看下该柱上设备的"所属大馈线"与"所属大馈线支线"是否完善、错误。刷新柱上设备的"所属大馈线"与"所属大馈线支线"，用图形定位功能定位到要刷新的设备，在"设备导航树"中的"大馈线树"中找到相应馈线或支线，单击鼠标右键，弹出的下拉菜单中点击"更新所属大馈线"

或"更新所属大馈支线"，确定。注意，馈线上的柱上设备，更新所属大馈线支线时，此时的支线是主干线，与馈线同名。

65. PMS2.0 系统中地理图、专题图标注批量维护

用户选择典型设备，维护好设备的标注大小、方向、颜色，然后选择该设备，单击格式刷功能，选择需要维护的设备，实现批量设备标注维护。

66. PMS2.0 系统图形编辑错误，进行回退撤销

操作回退针对具体设备，根据用户在图形客户端中对设备进行的操作，分为三类：新增的设备操作回退、删除的设备操作回退、修改的设备操作回退。新增的设备：支持操作回退，回退后，新增的设备将在系统中删除；对于有铭牌的设备，在删除图形的同时，将自动释放铭牌与图形的关联关系。删除的设备：支持操作回退，回退后，已删除的设备将恢复删除前的状态，重新显示在图形客户端中，有铭牌的设备将重新关联铭牌。修改的设备：支持回退操作，回退后，已修改的设备（图形和属性）将恢复修改前的状态。

在任务中新增的设备接着删除不支持回退；在任务中新增的设备接着修改，回退操作按"新增的设备"进行处理。同一设备如果修改保存过多次，操作回退后，将回退至初始状态，而非上一步修改保存后的状态。

鼠标右键单击任务名称，选择版本差异数据。在弹出的窗口中，可以选中多个记录，点击"一键回退"按钮，或者选中单个记录，右键选中的记录，点击"设备回退"来进行操作回退处理。

67. 大馈线单线图联络线路不显示

该问题是常开开关未维护所属大馈线造成的，可通过选择"常开开关"，点击"大馈线选择"，弹出大馈线选择窗口，选择"常开开关"需要继承的线路。

68. 线路切割后，清空站房设备所属原线路大馈线属性

点选该配电站房，通过右键的清空所属大馈线和清空所属大馈线支线功能实现。

69. 在应用线路更新对存在馈线与馈线互联的关系的联络线路或环网线路进行操作时，如何避免将几条互联的馈线下的设备全部更新到一条馈线下。

断开馈线与馈线间的互联点，再使用线路更新功能切改线路。

70. 站外超连接线的所属线路为空，导致设备无法在单线图上正常显示

关于站外超链接所属线路为空问题，首先通过图元快速定位，找到相应站外超连接线，删除该站外超链接，然后根据电流走向（从高压到低压，从进线到出线、重新绘制，连接后通过线路更新刷新线路设备。

71. 在馈线分析时，提示"没有查询到给该电站供电的线路，具体原因查看日志

维护进线时，没有根据电流方向从站外往站内电缆接头画。需要从设备树中找到相应电站，并从线路设备中将整条进线删除，然后从站外往站内画图即可。

72. 维护同杆架设线路

以直接变电站出线为同杆架设线路为例，首先是画两出线（站外超连接线和电缆段），通过杆线同步选择对应现场的杆型和材质、做好杆塔命名，回路位置，左边线路选择右二回，右边线路选择左二回。画完一边画另一条线的时候，杆线同步只要点到之前已显示的杆塔上即可。

73. 在画图时，导线已经新增起始杆塔，但是在提交校验仍提示没有起始杆塔

（1）在图形客户端中，使用快速定位功能查找到起始杆塔或者终止杆塔为空的导线。

（2）点击"设备定制编辑"中的"线设备重定义"按钮。

（3）在右侧弹出的窗口中点击"起点设备"，然后在图形中选择起点运行杆塔；在右侧窗口中点击"终止设备"，然后在图形中选择终点运行杆塔。

（4）在右侧窗口中"可选所属导线"栏，勾选所要更新起止杆塔的导线，然后点击"重定义"按钮；在弹出的窗口中，点击"确定"按钮，更新导线的起止杆塔。

74. 在 PMS2.0 系统图形客户端，彻底删除想要删除的图元设备

PMS2.0 系统中图形中存在虚拟设备（间隔单元、线路、电缆、导线等几类虚拟设备），包含子设备的设备，删除虚拟设备时，千万不要用框选，尽量用点选或导航树上删除，框选容易漏删、错删。

图形客户端版本更新后，虚拟设备删除方式有所改变，当虚拟设备下无实体设备时，使用快速定位功能不允许进行选中删除，具体操作如下：在图形客户端中，点击"设备导航树"按钮，打开设备导航树，在设备导航树中查找到需要删除的设备或者根据设备类型和设备名称进行搜索，选中虚拟设备点击鼠标右键，在弹出的窗口中点击"删除"按钮进行删除。

75. 绘制耐张杆塔快捷操作

绘制架空线，默认第一级和最后一级杆塔为耐张杆塔，如果需要在始末两级杆塔之间绘制耐张杆塔，则首先需要按住键盘上的"Ctrl"键，然后单击鼠标左键完成绘制使线。

76. 节点打断操作

首先使用"节点编辑"功能选中需要编辑的设备，然后摁住键盘上的"Shift"键，同时鼠标选中需要打断的节点进行拖动，拖动到合适的位置后双击鼠标左键确认。

77. 由于数据迁移和错误维护的原因，存在同杆架设线路杆塔拆分或者不同杆的杆塔合并的情况，如何整改

使用图形客户端"设备定制编辑"中的"杆塔合并/拆分"功能。对于同杆的杆塔拆分，首先点击"杆塔合并/拆分"，然后选中需要拆分的运行杆塔，最后将运行杆塔移动至其新的所属物理杆上；对于不同杆的杆塔进行合并，首先点击"杆塔合并/拆分"，然后选中需要合并的运行杆塔，最后将最后将运行杆塔移动至其新的所属物理杆上。

78. 画主变压器 110kV 侧中性点避雷器时提示"新增设备与捕捉设备电压等级不符，请重新选择"

检查 PMS2.0 系统中铭牌、台账的主变压器 110kV 侧中性点避雷器电压等级是否正确，应改为 110kV。画图时除了变压器能连接不同电压等级的设备或连接线，其余相连的设备电压等级必须一致，可通过颜色判断，设备的电压等级通过修改铭牌来修改，连接线的电压等级一般自动继承，如果不能继承则在右侧自己选择电压等级。

79. 通过端子号检查连通性

通过设备属性查看相连设备的端子号，如果有其中一个端子号一致，则代表连通。

80. 图形客户端登录后找不到"图形定制管理—变电开关置位"按钮

登录时将"配网运维指挥"前面的勾打上即可。

81. 将未发布的设备变更流程回退、作废

设备台账变更申请流程待办处理过程中可通过发送、退回对设备变更申请单进行处理，当该设备变更申请单未在图形审核环节执行发布图形时，可逐级退回到设备变更申请开始环节，图形维护和台账维护均已执行操作的需要分别退回到变更审核环节再回退到开始环节。当设备变更申请流程退回到开始环节时，可在设备变更申请菜单下作废该设备变更申请单，作废后的设备变更申请单可执行删除。

82. 进行大馈线分析时，分析出了其他线路设备

查看线路互联开关是否设置为常开，若为常合需设置常开后再进行大馈线分析。

83. 图形任务提交提示所属大馈线字段为空

所属大馈线字段为空分为两种设备，一种是线路，一种是线路中的设备。对于线路，地理图中选中线路的任意设备，在大馈线树中找到对应的线路所属大馈线，单机右键"更新馈线所属大馈线"功能进行更新；对于具体的某一设备，在地理图中选中需更新的具体设备，在大馈线树中找到对应的线路所属大馈线，单机右键"更新所属大馈线"功能进行更新。

84. 设备所属线路缺失或者错误

进入图形任务，在地理图中选中设备（以运行杆塔为例，其他设备可参照），打开设备导航树，查找到设备正确的所属线路，在设备导航树中选中线路，单击鼠标右键，在弹出的窗口中点击"局部刷新所属线路"；在弹出的窗口中，点击"确定"，完成操作。

操作注意事项：打开设备导航树之前需确保地理图中设备为选中状态；设备导航树通过电站进行过滤，只显示本单位电站。如果本单位线路的出线电站为其他单位维护或者本单位设备的所属线路为其他单位维护，需到"全网设备"树中查找电站或者线路；更新导线和电缆的所属线路时，默认会将导线和电缆下所有实体设备同时勾选，点击"确定"后会将导线、电缆以及其下实体设备的所属线路同时刷新。可根据实际情况进行勾选需要刷新所属线路的设备；低压线路设备更新所属线路时，在导航树中定位低压线路时，需首先查找到低压线路的所属变压器，然后选中变压器单击右键跳转到低压线路。

85. 站内一次设备缺所属间隔

在图形维护任务中，选中该一次设备，在设备导航树找到该间隔，右键更新所属间隔。

86. 馈线分析时提示"没有查询到给该电站供电的线路"或者"没有找到上级线路"

造成馈线分析失败的原因为该条馈线存在断开的设备或者拓扑不通的设备导致查找不到电站的所属馈线，该种情况也需进行拓扑校验查找出拓扑断开的设备，对于断开的设备可使用节点编辑重新连接，对于没有断开的但拓扑存在问题的设备需进行统计上报。

87. 从低压配电箱向外引低压线路时，提示"未搜索到低压站内—电缆接头拓扑关联的配电变压器"

造成该种情况的原因为，低压配电箱的所属柱上变压器拓扑不通导致，该种情况需进行统计上报。

88. 大馈线单线图缺失箱式变电站

解决办法：定位到箱式变电站，看是否有所属大馈线，箱式变电站内配电变压器是否有所属大馈线，连接箱式变的设备是否有大馈线，一一排查，更新所属大馈线，重新布局即可。当选中设备右键点更新大馈线无法更新时可以将所有设备全选，在大馈线树找到对应线路，选择大馈线树中线路并点击更新大馈线。

89. 系统中缺失电厂（用户变）出线维护功能

使用电站虚拟电源点图元作为电厂（用户变）的图元，维护电站虚拟电源点的属性后，台账端生成"起点电站""起点类型""终点电站"和"终点类型"等字段信息。

90. 电站虚拟电源点如何创建

使用"添加"按钮，在"工具箱—站外一次—其他类设备"中选择"站外—虚拟电源点"图元，在地理图空白区域单独添加此设备（此设备的虚拟设备是用户站和电厂）；在弹出的站外—虚拟电源点新建窗口中维护设备名称、运行编号和虚拟类型等信息，单击确定；在地理图上的站外—虚拟电源点图元上添加站外—超连接线，弹出创建线路的界面，点击确定。弹出提示界面："无出线开关，是否继续创建线路？"，点击"确定"。双击画完超连接线，右侧弹出选择线路的铭牌的选择界面，选中一个铭牌，点击确定。可以对站外—虚拟电源点进行删除、移动、属性修改等维护；点击设备导航树，查找到刚才添加的线路；在导航树上选中刚才的线路，在地理图中选中刚才添加的虚拟电源点；选中导航树的线路设备，右键选中功能"局部刷新所属线路"，弹出选择框，点击确定；异动审核后，图形发布。

91. 支线如何图数关联，台账中支线下设备如何认领

支线不需要图数关联。支线台账需新建，支线下设备需点击支线台账上的"支线/分段线路关联"进行杆塔导线的认领。

92. 图形任务回滚定义和操作

任务回滚针对当前任务中操作过的所有设备进行整体操作回退，任务回滚后，所有设备的状态将回到刚进任务时的初始状态。任务回滚后，在任务中新增的设备在系统中删除，已删除的设备在系统中重新显示，已修改过的设备恢复初始状态。

在图形客户端中，选中任务，单击鼠标右键，在弹出的窗口中点击"退出

任务"；任务退出后，再次选中任务，单击鼠标右键，在弹出的窗口中点击"任务回滚"；任务回滚后，任务中所有设备状态将恢复刚进任务时的状态，回退所有设备操作至初始状态。

93. 在图形客户端中查看设备台账

在图形客户端中，如果要查看设备台账，可首先选中设备，然后单击鼠标右键，在弹出的列表中选择"查看台账"。

94. 图形客户端删除设备注意事项

图形客户端中删除单个设备可直接"点选"，然后进行"删除"；如果要删除"间隔""导线""电缆""线路"这四类整体设备，不可进行框选删除，需首先点选整体设备上的某一设备，在弹出的选择集窗口中选择"间隔""导线""电缆""线路"，然后再点击"删除"进行删除操作，如果使用框选删除会导致图形发布后台账产生垃圾数据。

95. 不同电压等级之间的融冰开关如何连接

在图形客户端中，点击"设备定制编辑"，在设备定制编辑中点击"开关链接"，将两个电压等级不一致的融冰开关进行连接。

96. 从变电站引线失败解决方案

检查站内出线间隔是否存在站内电缆，如果存在删除站内电缆并用站内连接线代替；检查站内出线间隔下是否有设备存在拓扑不通的情况，如果存在删除拓扑不同的设备重新绘制。

97. 杆号重排注意事项

杆号重排不仅支持杆塔编号的重排，还可以进行导线段和导线的重排，杆号重排时可自定义勾选是否"首杆重命名""尾杆重命名""导线段重命名"和"导线重命名"。

98. 馈线分析注意事项

馈线分析需从馈线经过的第一个站开始进行，需确保从变电站出来的馈线经过的每一个站都进行馈线分析，若某一个站没有做过馈线分析，则该站后面的站进行馈线分析时则找不到上级线路；需确保整条馈线拓扑联通性良好，没有断开的点；若馈线经过的站房无出线，则不可进行馈线分析。馈线分析时需选中站房进行分析（变电站不在分析范围内），馈线分析只分析从环网柜、开关站出的线路，只有环网柜和开关站有出线时，才可以进行馈线分析，低压线路不需进行馈线分析。

99. 线路更新注意事项

线路如果从一个出线间隔切改到另一个出线间隔上，且另一个出线间隔下无出线，该种情况不允许进行线路更新。线路切改前，首先在另一个出线间隔下引一段站外超链接线创建一条线路，然后再做切改操作，切改后进行线路更新。

对于两条或多条存在互联开关或其他互联设备的线路进行线路更新时注意事项：如果一条线路和其他线路没有互联开关或其他互连设备，进行线路更新时可只选择起点，不选择终点进行线路更新。但如果一条线路与其他线路存在互联设备，则线路更新时必须选择终点设备，否则线路更新时会将其他线路的设备更新到该线路下。

100. 快速定位功能使用说明

"快速定位"功能中不仅可以按设备名称查询，也可以按"设备 ID"，"主键OID"等信息进行查询。

101. 调整设备标注的位置

在地理图中选中设备，点击"标注编辑"，用鼠标拖动设备标注到适当位置。

102. 精确移动注意事项

对电站进行精确移动前，首先需检查站内所有设备之间拓扑是否连通，若存在拓扑不连通的设备，需将拓扑不连通的设备删除重新绘制。在确保整站设备之间拓扑连通的情况下，首先使用"移动"功能选中站房进行拖动，拖动过程中不可松开鼠标左键，同时观察拖动站房的过程中，站内所有设备是否随站房同时移动，如果是，则该站房可以使用"精确移动"功能进行移动，如果否则该站不可使用精确移动，需按"ESC"键撤销移动操作，对于站房移动过程中站内设备不同时移动的情况，目前只能在正确的位置重新绘制站房。

103. 从杆塔向外绘制电缆操作说明

图形客户端从杆塔向外绘制电缆时，会自动生成起点电缆终端，操作时捕捉到运行杆塔后，向外拖动鼠标至适当位置，单击鼠标左键，然后继续拖动鼠标，在适当位置双击鼠标左键结束。

104. 线设备重定义使用说明

针对一条导线包含多个导线段，一条电缆包含多个电缆段的情况，可将导线段和电缆段重定义为导线和电缆。

使用"线设备重定义"功能进行导线段和电缆段的重定义，点击"线设备重定义"，选择"起点设备"和"终点设备"，在弹出的窗口中点击"新建导线"，将导线段重定义为导线。

105. 杆塔性质转换操作步骤

使用"杆塔转换"功能进行杆塔性质的转换，点击"杆塔转换"，选中杆塔后进行物理杆和运行杆性质的转换。

106. 物理杆塔材质转换操作步骤

方法 1：点选物理杆塔，在设备属性中修改杆塔材质。

方法 2：使用图形客户端中"杆塔转换"功能。

107. 导线、电缆打断说明

导线打断后，导线不会变为 2 条，仍为 1 条，只是将导线打成两段不会影响台账；电缆打断后，电缆不会变为 2 条，仍为 1 条，只是将电缆由 1 段打成 2 段，图形发布后，台账中将新生成一段电缆段。

108. 导线打断操作步骤

导线打断仅支持在直线运行杆上进行打断（耐张运行杆塔本来就已打断），不可在导线的其他位置进行打断。使用"设备定制编辑"中的"线打断"功能，选中直线运行杆塔进行导线打断。

109. 电缆打断操作步骤

电缆打断支持在电缆的任意位置进行打断。使用"设备定制编辑"中的"线打断"功能，在电缆上需要打断的位置点击进行电缆打断。

110. 杆塔合并/拆分说明

实际情况中存在同杆的杆塔拆分或者不同杆的杆塔合并的情况。

使用图形客户端，"设备定制编辑"中的"杆塔合并/拆分"功能。对于同杆的杆塔拆分，首先点击"杆塔合并/拆分"，然后选中需要拆分的运行杆塔，最后将运行杆塔移动至其新的所属物理杆上；对于不同杆的杆塔进行合并，首先点击"杆塔合并/拆分"，然后选中需要合并的运行杆塔，最后将最后将运行杆塔移动至其新的所属物理杆上。

111. 物理杆塔导入注意事项

需安装 office，只安装 wps 程序不支持导入，但 office 和 wps 都安装可以正常导入；导入模板重复使用时，需将原有数据彻底删除，不能使用"清除内容"的方式清除数据。

112. 同杆线路添加杆塔绘制方式

首先在一条导线上双击鼠标左键添加物理杆塔，然后在其他导线上添加运行杆塔即可。

113. 变电站设备分离重绘操作说明

进入图形任务，定位至变电站，点击"铭牌解除"按钮，释放变电站及站内设备铭牌，在适当位置重新绘制变电站及站内设备；如果原变电站下存在出线，将出线切改至新变电站下，并使用"线路关联"功能将原有线路与新变电站出线间隔关联。最后删除原有变电站。

114. 未搜索到低压站内——电缆接头拓扑关联的配电变压器如何操作

首先点选柱上变压器，查看设备属性，右下角有两个端子号信息；点选低压熔丝，查看设备属性，查看低压熔丝的两个端子号信息，将柱上变压器的端子号与低压熔丝的端子号进行比较，如果其中一个柱上变压器端子号与其中一个低压熔丝端子号相同，则该拓扑连通，若不相同，节点编辑一下低压熔丝，重新捕捉柱上变，然后在观察端子号，直到相同为止。

从低压熔丝引站外低压超连接线直接到低压配电箱进线电缆接头，然后从低压配电箱引一段出线（站外低压超连接线）后，将低压熔丝到低压配电箱这一段进线换成电缆。注意，不要删除从低压配电箱连出来低压站外超连接线。若以上操作全部弄完后，仍然弹出该报错，点选该低压线路删除后重画，重新按照步骤来做。

115. 线路绘制完成后，线路名称错误

线路的名称是根据站内出线点名称生成的（默认的新建线路继承站内出线点设备名称），如果线路已完成绘制，只是名称错误，在图形任务中，由站内运维人员完成站内出线点名称修改，线路的维护人员选中线路，在设备属性中的设备名称修改线路名称即可。图形流程发布后，台账中线路名称自动根据图形变更。

116. 大馈线成图失败

（1）应保证图形数据拓扑联通，若是图形数据拓扑混乱，则大馈线分析分析的范围和结果不正确，需根据数据核查工具检测，并进行整治。

（2）大馈线功能启用后，正在建设的工程（画图和审批流程中）需先发布掉。

（3）设置常开开关不正确，因常开开关是大馈线的边界，意味着大馈线的范围不正确；因常开开关是分析形成主干线的依据，意味着大馈线的主干线不正确；常开开关选择不全，因区域系统图主要成大馈线之间联络关系，意味着区域系统图不正确。

（4）常开开关所属大馈线要选正确，否则会影响单线图的联络指向和跳转。

117. 站房图形绘制过大

问题产生原因：绘图人员不熟悉图形录入标准，不会系统的"站房缩放"功能。

操作注意事项：若发现站房过大问题，通过以下操作解决：

（1）在图形客户端中定位目标变电站。

（2）在"设备定制编辑"中点击"站房缩放"。

（3）等待几秒后，站框上出现 8 个红色可编辑节点。

（4）鼠标左键拖动节点放大或缩小站房面积，如果站内设备需同时放大或缩小需同时按住 shift 键。

（5）使用【精确移动】功能将站房移动至正确的位置，点击地理图上任意位置，系统会自动获取该位置坐标并填入精确移动窗口。

使用该功能应注意：精确移动只能对单个设备进行移动。

118. 线路上存在孤立设备导致线路拓扑不通

原因分析：产生该问题的原因有两种：一是由于从 GIS1.2 版本迁移过来的数据中存在此类问题数据导致；二是由于 PMS2.0 系统之前操作失误造成。

解决措施：对于此类数据的整改可由设备主人先进行甄别，如果是 GIS1.2 迁移过来的垃圾数据，走设备变更流程进行删除；如果是误操作导致的，走设备变更流程在图形客户端上进行重新拓扑关联，问题数据可以利用 PMS2.0 系统图形客户端中的数据质检工具自行全面检查、治理。

119. 线路上的相邻设备所属线路不一致

原因分析：设备所属线路存在问题，此类情况一般为问题设备所连接设备与问题设备所属线路不一致，如问题设备连接设备所属线路为 A 线，问题设备所属线路为 B 线。

解决措施：对于此类数据的整改可由设备主人走设备变更流程，在图形客户端中将设备的所属线路更新正确。注意各类设备在图形上刷新所属线路后，一定要在台账中切改修正，不仔细容易出图数不一致类错误。

120. 线路设备 ID 重复导致拓扑错误

原因分析：产生该问题的原因是图形设备 ID 与台账 obj_id 是一一对应的，但该线路设备 ID 与一条配电线路 ID 重复，属于 PMS2.0 系统 BUG。

解决措施：对于该类问题，需要上报 PMS2.0 系统运维组处理。

121. 线路由于超限无法统计具体拓扑错误

原因分析：产生该问题的原因是线路设备存在拓扑逻辑问题，导致线路拓扑质检时无法完成拓扑质检。

解决措施：对于此类数据的整改可由设备主人走设备变更流程，在图形客户端中问题数据可以利用PMS2.0系统图形客户端中的数据质检工具自行全面检查、治理。

122. 设备与相邻设备不连通，非开关状态引起的设备不带电

原因分析：产生该问题的原因有两种：一是由于从 GIS1.2 版本迁移过来的数据中存在此类问题数据导致；二是由于 PMS2.0 系统前期，专业班组人员在进行数据维护时，误将设备打断或者删除导致。

解决措施：对于此类数据的整改可由设备主人先进行甄别，如果是 GIS1.2 迁移过来的垃圾数据，走设备变更流程进行删除；如果是误操作导致的，走设备变更流程在图形客户端上进行重新拓扑关联，问题数据可以利用 PMS2.0 系统图形客户端中的数据质检工具自行全面检查、治理。

123. 变电站站内—出线点（站内—电缆接头）不存在出线，且名称中不含有字眼"留用""备用""用户专线""所用变"

原因分析：产生该问题的原因是图形中变电站站内—出线点的命名不规范。

解决措施：对于此类数据的整改可由设备主人走设备变更流程，在图形客户端中将不存在出现的站内＋出线点名称改为"留用""备用""用户专线""所用变"。

124. 配电站房站内设备与相邻设备不连通，非开关状态引起的设备不带电

原因分析：产生该问题的原因有两种：一是由于从 GIS1.2 版本迁移过来的数据中存在此类问题数据导致；二是由于 PMS2.0 系统前期，专业班组人员在进行数据维护时，误将设备打断或者删除导致。

解决措施：对于此类数据的整改可由设备主人先进行甄别，如果是 GIS1.2 迁移过来的垃圾数据，走设备变更流程进行删除；如果是误操作导致的，走设备变更流程在图形客户端上进行重新拓扑关联，问题数据可以利用 PMS2.0 系统图形客户端中的数据质检工具自行全面检查、治理。

125. 设备与相邻设备不连通（非开关状态引起的设备不带电）

原因分析：产生该问题的原因有两种：一是由于从 GIS1.2 版本迁移过来的数据中存在此类问题数据导致；二是由于 PMS2.0 系统前期，专业班组人员在进行数据维护时，误将设备打断或者删除导致。

解决措施：对于此类数据的整改可由设备主人先进行甄别，如果是 GIS1.2

迁移过来的垃圾数据，走设备变更流程进行删除；如果是误操作导致的，走设备变更流程在图形客户端上进行重新拓扑关联，问题数据可以利用 PMS2.0 系统图形客户端中的数据质检工具自行全面检查、治理。

126. 设备与相邻设备所属线路不一致

原因分析：产生该问题的原因是图形数据的属性错误导致，而导致图形数据的属性错误可能是在班组在操作系统过程中的误操作，或者在进行线路更新时误将别的线路的设备更新了。

解决措施：对于此类数据的整改可由设备主人走设备变更流程，在图形客户端中将设备的所属线路更新正确。问题数据可以利用 PMS2.0 系统图形客户端中的数据质检工具自行全面检查、治理。

127. 线路进行正常转供电，而未进行线路更新，导致所属线路不一致

原因分析：产生该问题的原因是班组人员根据现场情况对系统中线路进行转供电图形切改，但是只对线路上转供电部分设备进行了与旧线路切断，与新线路进行连接操作，未对线路进行线路更新和大馈线更新。

解决措施：对于此类数据的整改可由设备主人走设备变更流程，在图形客户端中将设备的所属线路更新正确。问题数据可以利用 PMS2.0 系统图形客户端中的数据质检工具自行全面检查、治理。

128. 存在线路联络开关未正常开断，导致线路串线

原因分析：产生该问题的原因是班组人员在维护双电源设备时，未对双电源中备用电源开关开关状态进行拉开，常开状态未设置为常开，这些开关包括箱式变压器、环网柜、开关站等电站中的双电源开关和线路间联络开关。

解决措施：对于此类数据的整改可由设备主人走设备变更流程，根据现场情况，在图形客户端中将双电源中备用电源开关开关状态进行拉开，常开状态未设置为常开。

129. 端子号重复性

问题描述：端子号重复在专题图中的站间联络图、配网系统图生成时错误比较突显。生成站间联络图时会使几个没有直接电气连接的站被生成在一起；生成配网系统图时会生成弧线、飞线。

端子重复性检查的数据存在以下三个问题：

（1）地理图设备连接点编号重复。

（2）地理图图形端子连接号非法。

（3）站内接线图图形端子非法。

解决措施：

（1）地理图设备连接点表号重复问题中，许多站内－连接线由于数据迁移造成没有运行单位，质检工具在质检时无法区分，造成 A 地市有 B 地市的站内—连接线，但是 A 地市中未能抽取 B 地市中的母线，造成的端子号重复，这类问题我们通过人工确认重复的连接线属于哪个地市的，然后由 GIS 项目组统一添加运行单位来解决。

（2）其他正常数据，端子号重复类问题利用错误结果界面的定位功能，在图形中定位问题设备，或者通过导出的问题清单，利用设备的 OID 进行定位；找出并定位端子号重复设备，点击鼠标右键，使用连接点设置功能，点击设备末端，出现小红点，弹出连接点设置界面，选择"所有选择设备生成相同的连接点 ID"，生成新的连接点 ID，从而解决端子号重复性问题。

130. 分相电缆如何绘制

根据 PMS2.0 系统设计规范，110kV 及以上电压等级的电缆需分 A、B、C 三相进行维护，输电电缆可以从变电站出线间隔引出，也可以从杆塔引出。

从变电站出线间隔引电缆：在工具箱中选择"站外—电缆段"，捕捉到变电站出线电缆接头依次绘制三条电缆；对"电缆""电缆段"和"电缆终端"进行重命名；三相电缆后连接设备，均在 A 相电缆后进行绘制。

从杆塔引电缆：在工具箱中选择"站外—连接线"，捕捉到运行杆塔出线点，向外绘制三条"站外—连接线"（不要绘制过长）；在三条"站外—连接线"末端依次绘制"站外－电缆终端头"；依次捕捉到"电缆—终端头"，添加"站外—电缆段"，拖动电缆段在适当位置双击鼠标左键结束，完成电缆的绘制；对"电缆""电缆段"和"电缆终端"进行重命名；三相电缆后连接设备，均在 A 相电缆后进行绘制。

131. 站房出线非站外超连接线

因部分迁移站房原系统不支持站外超连接线，迁移后在 PMS2.0 系统客户端中，PMS2.0 设计要求站房与线路之间挂接标准为超连接线—杆塔或者超连接线—电缆段—超连接线—杆塔。目前系统中普遍存在线路与站房之间挂接使用站外—连接线、站外—电缆段的情况，站外—连接线与电缆段无法正确捕捉站内—出线点节点。解决方案：定位删除站外—连接线，添加站外—超连接线。注意，添加站外—超连接线时，需从站外往站内添加。

第四节 图形质检工具问题及解决方法

1. 登录及升级质检工具

登录图形客户端，依次点击"电网分析""查看质检结果"（工具升级也是相同操作）。

2. 升级质检工具，但是提示安装 VC++2005 找不到路径

（1）电脑已安装 VC++2005，升级质检工具提示安装 VC++时，点"否"。

（2）电脑未安装 VC++2005，在路径"C：\PMS2.0 系统\Addin\CDPButtGISTool\Dependent"下找到"vcredist_x86.exe"，手动安装此文件。

3. 登录质检工具，但是无法查看全市及县公司数据

将帐号及密码发至质检项目组，统一升级权限。

4. 地市下的所有变电站及线路都已质检完，但是详情仍显示有部分线路没质检

质检工具设置页面有个"更新线路树数据"的功能，点击其进行线路更新。

5. 工具中，描述地市的质检树中有示意变电站及下属线路

线路的起点电站不是变电站或线路的运行单位为空或不在工具线路库中，会将线路默认挂接到示意变电站下。

6. 设置质检方式及质检模式

登录质检工具，在设置界面中执行质检方式选择本地，线路树质检模式选择线路，变电站下属线路质检模式按照需求进行选择。

7. 是否只有在任务里面才能质检单线路/变电站

在任务外也可以质检单线路/变电站，但是无法利用工具提供的批量整改功能。

8. 在质检单线路/变电站前添加指定班组

质量检查窗口中质检树下属线路/变电站名称前有个方框按钮，点击会弹出相应对话框，在对话框中点击"+"，就可以添加班组信息（班组可以添加多个）。

9. 多条线路/变电站进行质检

能同时质检多条线路/变电站，但是建议不要超过 5 条。

10. 如何判断一条线路质检完成

质检单线路分为三个阶段：第一阶段检查出现开关；第二阶段检查线路；

第三阶段检查站房。只有这三个阶段在"质检进度与结果里面"全部显示出来，才算线路质检完成。通常如果线路缺少出现开关，检查就会停止，此时不算线路质检完成，需要将其维护成功后，重新质检。

11. 如何判断线路/变电站治理完成

质检完成的线路及变电站名称后面会显示数字，此数字代表错误量信息。

12. 在任务下修改错误，需要把任务提交后，是否需要重新质检

不需要将任务提交后，重新质检。只要在任务下，重新质检该线路即可。因此，一般一条线路需要多次重新质检才能治理完成。

13. 线路端子连通性错误查问题查找

（1）根据工具提供的批量多色定位功能进行定位，相互联通的设备为同一颜色，找到其不同颜色相交的位置。

（2）质检树界面会提供该条线路所有的设备列表，有设备名称和组别 2 列。设备名称前有断字的，是工具提供的疑似断点设备。组别是将相互联通的设备分为一个组别，不通组别代表设备不连通。一般组别为 0 的，没有错误。

14. 地理图图形设备端子的实际数量与模型设定的不一致

删掉图形，重新绘画。

15. 已质检的单线路，查询质检结果时，提示找不到质检任务

单线路数据质检结果存贮在本机上，若用别的电脑登录将检查导致结果删除，就会提示找不到质检任务。若本机登录，质检结果已删除，需要重新质检该线路。

16. 线路质检是否要将其分段线路也质检

单线路质检馈线，其分段线路也包含在其中。所以不需要单独质检分段线路。

17. 有铭牌设备如果名称错误，该如何修改

存在铭牌的设备，如果名称错误，无法直接通过修改设备台账中名称进行处理，需要对设备所关联的铭牌进行变更（新建铭牌申请单，在铭牌申请单中直接点击变更，查询出设备后进行变更），变更后图形及台账中对应名称和编码均自动修正。

18. 变电三相设备图形、台账与铭牌名称不一致，三相设备的分相台账图形均关联同一个铭牌固有此问题，是否需要每个分相单独对应一个铭牌

三项设备台账是去掉名称中的 abc 三项与铭牌名称进行比对，不需要每个分相单独对应一个铭牌。

19. 线路中部分设备所属线路错误或为空

在图形中选中需维护所属线路的设备，打开图形客户端中的设备导航树，找到该设备正确的所属线路，右击，选择"局部刷新所属线路"。

20. 导线段无所属导线或电缆段无所属电缆

新建设备变更申请流程，在图形任务中选中有问题的导线段或电缆段，然后点开设备导航树，在导航树中找到该线路及导线段正确的所属导线，在导航树导线上右击选择"更新所属导线"。

21. 图形缺少铭牌，但是点击关联铭牌没有反应

此类问题是因为图形已经关联铭牌，但是铭牌表中设备对应 txid 字段为空。需要先解除铭牌，然后再重新关联铭牌。

22. 整改柱上图形缺少所属杆塔

选中该柱上设备，在设备导航树中定位其所属杆塔，右击关联。

23. 站内设备名称错误，需要修改

站内设备的名称是根据铭牌生成的，如是 OMS 系统推送至 PMS 系统的铭牌，需联系项目组修改；在 PMS2.0 系统中创建的铭牌，在"主网电系铭牌库"中修改铭牌名称，图形和台账重新关联铭牌即可。

24. 导出单线路质检清单

在单线路已经进行质检的前提下，选中该线路，右击选择线路/站房导出。

25. 质检工具单线路/变电站质检后面的数值代表含义

变电站质检后面数值代表变电站错误，营销变电站错误。单线路质检后面数值代表线路错误，营销线路错误，站房错误，营销站房错误。

26. 线路拓扑完整性错误

检查当前线路的电缆段/导线段其中一端没有终点设备与其相连。若是以杆塔或电缆中间接头作为终点设备，可利用工具提供"添"的功能将其作为末端设备处理。

27. 快速查询到需要质检的变电站或线路

登录工具，在质量检查界面线路树右上角有个搜索按钮（放大镜）。可以根据名称，oid，sbid 进行搜索定位。

28. 质检提示台账与图形所属线路/站房不一致，台账缺少维护班组或缺少所属间隔

利用工具提供的整改功能，可单独或批量对错误设备进行整改。

29. 如何使用质检工具使错误数据在 PMS2.0 系统客户端显示端子号

在质量检查界面，查询问题线路/变电站结果，会跳转到查质检树窗口。在质检树页面中间位置找到显示端子号按钮，这时就可以在图形端选中设备，点击显示端子号按钮即可（站内设备显示端子号需要打开站内图选中设备）。

30. 批量多色定位

不连通设备批量定位分组分色显示，勾选错误描述列表中一个组别、多个组别或者全部设备，点击"批量多色定位"，可将列表中不同组别的设备以不同颜色显示在地理图中，一个组别对应一种颜色，方便用户查看并整改变电站连通性错误；用户可通过"清除高亮显示"来清除多色显示的结果。

批量多色定位是针对线路端子连通性错误和变电站连通性错误等问题的。在质检树界面，选中一条变电站/线路连通性错误，在错误描述中会将其涉及的设备全部显示出来，然后全选设备，在错误说明右边会有批量多色定位按钮，点击进行定位。

31. 批量整改维护班组缺失（所属线路缺失等）

在质检树界面中，工具提供此类问题的批量整改功能。具体操作方法可以查看工具的操作手册。

32. 如何使用工具关联设备台账与图形

关联台账与图形台账图形均存在，但是没有关联关系时方可使用。在质检树界面中，选中此类错误，在错误说明下，找到对应的关联按钮，进行台账/图形的设备关联。

33. 质检树中其他单位的变电站跑到本单位下

本单位有部分线路挂接到该变电站下，为了体现线路的完整性，所以将变电站挂接到本单位。

34. 检查地市或县公司单线路及变电站质检状况

登录质检工具，在质量检查窗口下找到线路检查情况详情。点击详情，会依次展开市公司及县公司数据质检情况。并可以根据提供的选择条件一和条件二，选择配电，输电线路及变电站进行检查。

35. （备用）断路器无终端设备，提示站内连通性错误

将此类设备加入中性线。

36. 配电变压器提示站内连通性错误

首先检查是否能拓扑到母线。若可以拓扑到母线，检查配电变压器属性中端子组别 1 是否对应高压，组别 2 对应低压。若不是，将变压器 2 端旋转调换下。

37. 整改图形、台账及铭牌名称不一致问题

有铭牌设备，修改铭牌名称，图形及台账会同步修改；无铭牌设备，修改图形名称，台账名称会同步修改。

38. 台账设备维护班组与其所属线路/站房维护班组一致，却仍提示班组不一致错误

考量四类设备的台账自身维护班组，同质检单线路前指定添加的四类班组进行比对。若提示不一致，请质检单线路前将维护班组添加完整。

39. 图形缺少铭牌，但是使用关联铭牌功能时，没有对应的铭牌设备

铭牌已经被占用，需要将铭牌解除关联后，重新进行关联。若占用铭牌的图形已经被删除，需联系项目组后台处理。

40. 质检问题清单导出

使用本地质检对某变电站质检完成后，可在"线路树"中，右击该变电站，在弹出的菜单栏中，选择"站房质检错误导出"，即可弹出清单存储路径，设置好路径后，点击保存。

41. 整改变电站连通性错误问题

问题描述：变电站内设备存在端子连通性错误。

问题产生原因：绘图时没有捕捉到上级设备的有效连接点，或同一间隔内设备的图形首、尾端未正确连接好，导致应该连通的上下级设备没有连通，表现为应该连通的两个设备的端子号不一致。

从 GIS1.5 迁移过来时遗留的问题数据，表现为端子号非法，检查该图形端子号属性值为 0，接地刀闸的端子普遍存在此类问题。

操作注意事项：

（1）核对未通电设备是否现场存在，铭牌是否正确。

（2）绘图时应捕捉到上级设备或连接线的有效连接点再开始绘制本级设备或连接线。

（3）同一间隔内设备的图形首、尾端未正确连接好，整改时可以通过节点编辑或删除图形，重新绘图，确认设备两端均连接完好，连通完好的两个设备相连断的端子号一致。

（4）在实际的整改过程中发现，报"变电站连通性错误"时，一般都存在批量类似的错误，建议使用"端子连通性多色显示"整改，勾选错误描述列表中一个组别、多个组别或者全部设备，点击"批量多色定位"，可将列表中不同

组别的设备以不同颜色显示在地理图中，一个组别对应一种颜色，方便用户查看并整改变电站连通性错误。

42. 整改变电站与站外设备相交问题

问题描述：实体设备穿越变电站。

问题产生原因：

（1）绘图时将站房内的设备（如站内出线点）图形延伸到站房外或搭在了站房上。

（2）绘图时将站房外的设备（如站外电缆头）图形延伸到站房内或搭在站房上。

操作注意事项：

（1）绘图时站房内的设备图形不能绘制到站房外，站房外的设备图形不能绘制到站房内，同时应注意绘制时使图形离开站房边界一定的距离，不要靠太近，以免系统不能正确识别。

（2）绘图时只能通过超连接线将站房内设备和站房外的设备连接，不能直接相连。

（3）通知输配电人员使用节点编辑功能将穿越变电站的设备编辑至正确的位置。

43. 整改站内图形连通性错误问题

问题描述：站内的设备无法通过端子拓扑到正确的站内终端设备。

问题产生原因：

（1）绘图时站房内同一间隔内设备的图形首、尾端未正确连接好，表现为相连的设备端子号不一致，即致使该设备无法通过拓扑，拓扑到母线、出线点、变压器等终端设备。

（2）从 GIS1.5 迁移过来时遗留的问题数据，表现为端子号非法，检查该图形端子号属性值为 0，接地刀闸的端子普遍存在此类问题。

（3）从 GIS1.5 迁移过来时遗留的问题数据，存在孤立的连接线、设备。

操作注意事项：

（1）如果是由于相连的设备端子号不一致引起的连通性问题，绘图时可用节点编辑进行调整，使相邻设备首尾正确相连，应注意节点编辑之后需要再次选中设备查看端子号是否一致，由于某些设备点击节点编辑是不能移动的，这时需要同时按住 shift 键方可进行节点编辑的操作。部分变电站因为远期规划未完成，存在连通完好不能拓扑到终端设备的情况，碰到这种情况，绘图时可通过添加中性线进行整改，也可将其添加到白名单管理（实际情况确实存在）。

（2）从 GIS1.5 迁移过来时遗留的问题数据，站房内设备图形端子号非法，整改时则可以通过端子号整改，将非法的端子号 0 整改为 1。通过多次整改如仍报连通性错误，则使用节点编辑重新编辑或删除图形重新绘制。

（3）绘图时注意使用站内连接线将设备和其上一级按照通电顺序正确连接起来。部分设备与上级设备之间不需要用连接线的，可以使用节点编辑功能，使图形连通正确（如消弧装置）。

（4）如果出现孤立的连接线、设备，这种情况一般为多余的图形，核实情况后绘图时可将其删除。

44. 整改母线同电压之间连接错误问题

问题描述：同电压等级的母线端子拓扑不连通且不允许有变压器。对于一个站房内最低电压等级的母线，可以不直连。例如一个变电站内有 110、35、10kV，那么 10kV 的母线间可以不直连。

问题产生原因：

（1）绘图时相同电压的母线之间的连接设备存在端子不连通。

（2）绘图时相同电压的母线之间通过了变压器。

（3）绘图时相同电压的母线之间没有连接。

操作注意事项：

（1）绘图时应确保设备端子与连接线端子正确连接上。应在捕捉到有效连接点后开始绘图。

（2）相同电压的母线之间并没有电压的变化，不允许通过变压器，绘图时应注意不应绘画变压器。

（3）根据站房内现场设备实际情况进行绘图，一个站房内只允许最低电压等级的母线可以不直连（如某变电站 10kV Ⅰ 母与 10kV Ⅱ 母之间确实没有 10kV 母联间隔），非站房内最低电压等级的同电压母线则必须连通。如确实存在没有相连的同电压等级的母线，可将其添加到白名单管理。

45. 整改母线不同电压之间连接错误

问题描述：不同电压等级母线间是否有变压器，不能直接用连接线直连。

问题产生原因：不同电压等级的母线间未通过变压器连通拓扑。

操作注意事项：绘图时应注意不同电压等级的母线间有电压的变换，应通过变压器连通或不连接。部分融冰间隔为特殊情况，可根据现场实际情况绘图（如某变电站 220kV Ⅰ 母与 110kV Ⅰ 母、Ⅱ 母之间通过 110kV 融冰 502 间隔相连，不通过变压器）。如确实存在没有通过变压器相连的不同电压等级的母线，可将其添加到白名单管理。

46. 整改铭牌缺少台账问题

问题描述：铭牌的OBJ_ID、设备类型，关联台账的DXMPYXKID、设备类型，无法查询到对应的台账记录。

问题产生原因：

（1）台账被退役或者废弃铭牌未删除。

（2）数据迁移时，铭牌和台账未关联。

（3）非规范系统垃圾铭牌。

操作注意事项：

（1）核对铭牌是否关联图形，未关联图形又未关联台账的铭牌，需要再次核对是否现场存在。若现场不存在，需要对其进行退役、删除。

（2）铭牌关联图形，未关联台账，现场存在，则需要在任务里，将铭牌和台账关联起来；若台账未存在，那就需要新建台账。

（3）非规范系统垃圾铭牌，确认后报项目组删除处理。

47. 整改台账缺少图形问题

问题描述：台账主键（OBJ_ID）、设备类型，关联图形中的设备ID（SBID）、设备类型，无法查询到对应的图形信息记录。

问题产生原因：

（1）图形删除后台账没有同步退役或者删除。

（2）原其他类型设备变更后没有相对应台账（如营销设备、用户设备）。

操作注意事项：

（1）图形删除以后一定要同步删除或退役台账，否则会导致图数不对应，特别是在图形修改后（如删除了杆塔或导线又重新绘制后，要退役或报删除或合并台账）。

（2）有铭牌的设备，去图形任务里，根据铭牌添加图形。无铭牌设备，需要确认是否存在，若不存在，退役台账。若现场存在，退役台账后，重新画图。

48. 整改台账缺少铭牌问题

问题描述：台账的DXMPYXKID、设备类型，关联铭牌的设备OBJ_ID、设备类型，无法查询到对应的铭牌信息记录。

问题产生原因：

（1）铭牌被删除、注销或停用，导致符合条件的铭牌不存在。

（2）铭牌存在，但台账与铭牌关联关系丢失了。

（3）铭牌关电压等级被维护成低压。

（4）台账为垃圾台账。

操作注意事项：

（1）若铭牌缺失，则创建新的铭牌并在台账维护任务中点击台账信息中设备名称后的按钮关联该铭牌即可。

（2）若铭牌存在但显示已关联台账，则报 PMS2.0 系统运维组后台接除铭牌关联后再在台账维护任务中重新关联该铭牌。

（3）若铭牌存在且铭牌为关联台账，则在台账维护任务中重新关联该铭牌即可。

49. 整改铭牌缺少图形问题

问题描述：根据（同一设备类型）铭牌 TXID 去找图形的 OID。

问题产生原因：铭牌未关联图形。

操作注意事项：

（1）核对该铭牌是否现场存在，是否存在名称相近但代表同一设备的重复铭牌。

（2）以上核对无误，需要在图形任务里去根据铭牌新建图形。若铭牌实际不在用，则删除或注销该铭牌。

50. 整改其他类型图缺少台账问题

问题描述：电缆、导线、线路、间隔单元这四类设备没有与之关联的台账。

问题产生原因：

（1）绘制图形时系统未自动生成台账或通过其他途径将台账删除导致图形缺少台账。

（2）图形里只有导线段导致无法产生台账。

（3）两个图形同时关联到一个台账中。

操作注意事项：

（1）图形绘制完成后检查是否有导线及导线段两种参数，如果没有需删除重画或使用导线电缆重定义。

（2）如确实缺少台账需删除重新绘制。

（3）确保不是两个图同时关联一个台账，如果确实关联需删除重画。

51. 整改台账名称与图形名称不一致问题

问题描述：图形设备 ID（SBID）、设备类型，关联台账设备主键（OBJ_ID）、设备类型，查找到相对应的记录，但图形端的设备名称与台账端设备名称值不一致。

问题产生原因：现在台账的名称不能随意修改，通过图形同步台账一般情况是不会出现名称不一致的问题，出现该问题的原因可能是其他单位在线路起点修改了设备名称（如变电修改起点电缆头名称），线路上就会出现设备名称不一致。

操作注意事项：图形绘制完成后需要仔细核对设备名称与起端出线点名称（如线路名称要与变电站出线电缆头的名称一致，不一致需要进行修改）。

（1）图形名称不正确：点选需要修改的设备，确定以后，点击刷新铭牌。右边会弹出铭牌信息，单击确认，刷新铭牌。

（2）台账名称错误：台账与铭牌名称相关联，错误的设备需要修改铭牌，铭牌修改后，再去图形刷新铭牌，就能保证台账和图形名称一致。

52. 整改台账与铭牌所属站房不一致问题

问题描述：台账 DXMPYXKID、设备类型，关联铭牌的设备 OBJ_ID、设备类型，查找到相对应的图形铭牌，但台账的所属线路/站房与图形铭牌的所属线路/站房不一致。

问题产生原因：

（1）台账的所属站房错误或为空。

（2）铭牌的所属站房错误或为空。

（3）站房的台账与铭牌关联关系丢失了。

操作注意事项：

（1）若铭牌所属站房错误，则创建新的铭牌，然后再台账维护任务中点击设备名称后面按钮关联新建的铭牌，或者报 PMS2.0 系统运维组后台更新铭牌所属站房。

（2）若台账所属站房错误可在"台账所属间隔的所属站房与该设备所属站房不一致"中检出并整改，或者报 PMS2.0 系统运维组后台更新台账所属站房。

53. 整改台账名称与铭牌名称不一致问题

问题描述：台账 DXMPYXKID、设备类型，关联铭牌的 OBJ_ID、设备类型，查找到相对应的图形铭牌，但台账的名称与图形铭牌的名称不一致。

问题产生原因：

（1）台账关联错误铭牌。

（2）铭牌变更过名称没有刷新台账名称。

操作注意事项：

（1）关联错误重做关系。

（2）将铭牌名称改成正确，台账名称会自动刷新至于铭牌一致，若未刷新则在台账维护任务中点击设备名称后按钮重新关联铭牌即可。

54. 整改台账与图形所属站房不一致问题

问题描述：台账主键（OBJ_ID）、设备类型，关联图形的设备 ID（SBID）、设备类型，查找到相对应的图形，但台账的所属线路/站房与图形的所属线路/站房不一致。

问题产生原因：

（1）台账的所属站房错误或为空。

（2）图形的所属站房错误或为空。

（3）站房的台账与图形关联关系丢失了。

操作注意事项：使用质检工具中"整改"功能整改台账与图形所属站房信息或使用批量整改中的"所属站房整改"功能批量维护图形和台账的所属站房信息。

55. 整改台账设备维护班组与所属线路/站房不一致问题

问题描述：设备台账的维护班组字段与其所属线路/站房维护班组字段不一致。

问题产生原因：

（1）填写台账时漏填、错填设备维护班组。

（2）质检工具中几类基本的维护班组未添加。

操作注意事项：

（1）首先要确保台账中设备维护班组要填写完整、准确一致，如果台账中设备班组已经填写完整但是还是出现该问题，可以通过批量修改重新定义设备班组。

（2）在质检工具中添加几类基本的维护班组，系统会通过这几类班组来自动查找。

56. 整改地理图图形缺少台账问题

问题描述：地理图图形无关联的台账。

问题产生原因：

（1）图形和台账都存在，之间缺少了关系。

（2）台账不存在。

（3）台账已退役。

（4）垃圾图形。

操作注意事项：

（1）若为垃圾图形则删除该图形。

（2）若不为垃圾图形，且设备台账存在，则使用质检工具"关联"功能关联图形和台账。

（3）若不为垃圾图形，且设备台账不存在、设备为铭牌类设备，在台账维护任务中根据铭牌创建设备台账。

（4）若不为垃圾图形，且设备台账不存在、设备为无铭牌类线路设备，删除该图形，重新绘制图形并发布图形生成新的设备台账，维护台账即可。

注意，设备 ID 是一串数字或者设备 ID 为空的图形必然不存在台账。

57. 整改地理图图形设备缺少铭牌问题

问题描述：图形的 oid，关联铭牌的 TXID，无法查询到对应的铭牌记录。

问题产生原因：

（1）铭牌不存在。

（2）铭牌存在，但铭牌与图形关联关系丢失了。

（3）铭牌存在，但铭牌电压等级被维护成低压。

（4）铭牌存在但铭牌已注销，为停用状态。

（5）图形为垃圾图形。

操作注意事项：

（1）不可随意解除铭牌与图形的关联。

（2）若铭牌不存在，则创建铭牌，然后在图形维护任务中选中图形使用"关联铭牌"功能关联图形和铭牌。

（3）若铭牌存在但显示已关联图形，则报 PMS2.0 系统运维组后台解锁铭牌关联，然后在图形维护任务中选中图形使用"关联铭牌"功能关联图形和铭牌。

（4）若铭牌存在且显示未关联图形，则在图形维护任务中选中图形使用"关联铭牌"功能关联图形和铭牌。

58. 整改地理图图形设备与铭牌所属站房不一致问题

问题描述：图形的设备 oid，关联铭牌的 TXID，查找到相对应的图形铭牌，但图形的所属线路/站房与铭牌的所属线路/站房不一致。

问题产生原因：

（1）图形的所属站房错误或为空。

（2）铭牌的所属站房错误或为空。

（3）站房的图形与铭牌关联关系丢失了。

操作注意事项：

（1）若铭牌所属站房错误，则创建新的铭牌，然后再图形维护任务中使用"关联铭牌"功能关联新建的铭牌，或者报 PMS2.0 系统运维组后台更新铭牌所属站房。

（2）若图形所属站房错误可在"站内设备所属间隔的所属站房与该设备的所属站房不一致"中检出并整改，或者使用图形客户端自带"更新所属站房"功能更新图形的所属站房信息。

59. 整改地理图图形设备与铭牌名称不一致问题

问题描述：图形的设备 oid，关联铭牌的 TXID，查找到相对应的图形铭牌，但图形的名称与铭牌的名称不一致。

问题产生原因：图形关联后，手动修改铭牌名称。

操作注意事项：将铭牌名称改成正确，在图形维护任务中使用"刷新铭牌"功能刷新铭牌，图形名称会自动更新为与铭牌一致。

60. 整改站内/柱上图形缺少台账问题

问题描述：站内/柱上图形无关联的台账。

问题产生原因：

（1）未由铭牌创建台账。

（2）解除台账与铭牌的关系后，退役台账。

操作注意事项：

（1）绘制完图形后，用铭牌创建台账。

（2）退役设备正确顺序为先删除图形，再退役台账，最后注销铭牌。

61. 整改台账缺少所属站房问题

问题描述：检查台账的所属站房字段是否缺失。

问题产生原因：数据迁移过程中产生的错误。

操作注意事项：

（1）缺少所属站房的站内设备无法在设备树中显示出来，不能对其维护。需要 PMS2.0 系统后台刷新此类设备的所属站房字段。修改成功后，就可以对这个台账进行维护操作，或者退役。

（2）使用质检工具中"整改"功能维护台账的所属站房信息或使用批量整改中的"所属站房整改"功能批量维护台账所属站房信息。

62. 整改图形缺少所属站房问题

问题描述：检查图形的所属站房字段是否缺失。

问题产生原因：GIS1.5 迁移到 PMS2.0 系统过程中产生的系统错误。

操作注意事项：

（1）核对是否现场存在此设备。

（2）删除现场不存在的设备。

（3）现场存在的设备，删除后根据铭牌重新画图。

（4）使用质检工具中的"整改"功能维护图形的所属站房信息或使用批量整改中的"所属站房整改"功能批量维护图形所属站房信息。

（5）设备图形位置在当前站房中时，可以选中图形后在设备导航树中该站房上右键"更新所属电站"维护图形所属站房信息。

63. 整改铭牌缺少所属站房问题

问题产生原因：铭牌的所属站房为空或无效。

操作注意事项：

（1）报 PMS2.0 系统运维组后台维护该铭牌的所属站房。

（2）在正确站房下创建新的铭牌，在图形维护任务和台账维护任务中将图形和台账关联到新的铭牌，删除旧的铭牌。

64. 整改铭牌缺少所属间隔问题

铭牌的所属间隔为空或无效。

操作注意事项：

（1）找 PMS2.0 系统运维组后台刷新。

（2）注销现场不存在的铭牌。

65. 整改站内设备缺少所属间隔问题

问题描述：检查站内设备所属间隔字段是否缺失。

问题产生原因：GIS1.5 迁移到 PMS2.0 系统过程中产生的系统错误。

操作注意事项：

（1）确认图形是否现场存在。

（2）图形删除，根据铭牌重画。

（3）在设备导航树找到其间隔，在间隔名称上点右键，选择局部刷新所属间隔。

（4）使用质检工具中的"整改"功能维护图形的所属间隔信息或使用批量整改中的"所属间隔整改"功能批量维护图形所属间隔信息。

66. 整改台账缺少所属间隔问题

问题描述：检查台账表格中的 JGDY 字段为空。

问题产生原因：台账的所属间隔为空或无效。

操作注意事项：打开所属间隔整改工具窗口，选择需要更新的台账，选择正确的间隔，再确认整改。注意，可以选择同一间隔下的所有错误设备进行批量整改。

67. 站内设备与铭牌所属间隔不一致

问题描述：站内设备图形属性的所属间隔字段与该设备对应的铭牌的所属间隔字段不一致。

问题产生原因：

（1）站内设备图形所属间隔错误或为空。

（2）站内设备铭牌的所属间隔错误或为空。

（3）间隔的图形与铭牌关联关系丢失了。

操作注意事项：

（1）修改之前，需判断铭牌错误还是图形所属间隔错误。

（2）若铭牌错误：需要解除铭牌与台账、与图形的关联，注销错误铭牌后，申请新的铭牌与图形，与台账关联。

（3）图形所属间隔错误：① 核对与之相关联的设备所属间隔是否错误（点选所在间隔，高亮的就是此间隔下的设备）；② 单个设备错误，可以删除重画；③ 若此间隔下设备有部分与其他设备串联（此类错误多是出线间隔的设备串联至母线上），需要在图上删除此间隔下所有图形，再打开设备导航树，删除站房下的空虚拟间隔（绘图时，图形的间隔会自动捕捉其上一级所在的间隔）；④ 根据铭牌重新绘图。

68. 地理图图形设备端连图不连

问题描述：地理图图形设备的端子号相同，但图形却没有连在一起。

问题产生原因：

（1）相连设备端子号连通但相邻端点之间距离大于 0.01m。

（2）不相连设备存在端子号重复的情况。

操作注意事项：

（1）使用质检工具"改端号"功能修改端子号，然后使用系统自带"节点编辑"功能重新连接设备。

（2）对于极短或重叠的站内连接线或站外连接线建议直接删除重新绘制或

删除后使用"节点编辑"功能将其他连接线拖拽过来形成连接关系。

69. 地理图图形设备图端顺序不一致

问题描述：地理图图形设备点顺序与拓扑顺序不一致。

问题产生原因：绘图时没有注意电流走向，绘制方向错误。

操作注意事项：使用质检工具"改端号"功能修改端子号或者使用系统自带"节点编辑"功能重新连接设备或者使用系统自带"拓扑反序"功能进行整改。

70. 地理图图形设备端子数量错误

问题描述：地理图图形设备端子的实际数量与模型设定的不一致。

问题产生原因：PMS2.0 系统旧版本规则与现规则不同。

操作注意事项：

（1）点击改端号后重新节点编辑一下。

（2）一般为数据迁移错误，直接删除设备图形后重新绘制即可。

71. 地理图图形设备图连端不连

问题描述：地理图设备连在一起，但端子号不相同。

问题产生原因：

（1）设备责任区不一致会出现该问题。

（2）不同名称的设备连接在一起会出现该问题。

（3）不同系统类型设备连在一起会出现该问题。

操作注意事项：

（1）确保所属责任区一致，如不一致通过更新设备单位来解决。

（2）确保连接的是同一条设备，不是两条不同的设备连在一起。

（3）尽量避免不同系统类型的设备相连在一起，如无法避免又出现该问题请修改端号或断开重连。

72. 线路端子连通性错误

问题描述：当前线路的设备端子拓扑不连通。

问题产生原因：

（1）所属线是本线路的设备与本线路之间不存在拓扑通路。

（2）线路拓扑通路上某设备的所属线路为其他线路。

（3）线路出线开关到线路质检的拓扑通路不通。

（4）线路拓扑通路上存在营销设备，营销设备挂接在输电设备上如果没有挂接好也可能引起拓扑不连通。

（5）线路起始到末端之间存在拓扑连通断开的情况。

操作注意事项：使用质检工具中"批量多色定位"功能查看线路端子连通断点位置，查看断点位置设备连通性情况，一般使用"节点编辑"功能断开再连接设备即可解决问题。

（1）相连的设备端子号不一致。此类问题通过节点编辑将问题设备更换端子号即可完成处理，直线杆 T 接类要将杆塔转换后再进行一次节点编辑。相连设备所属线路不一致。设备所属线路存在问题，此类情况一般为问题设备所连接设备与问题设备所属线路不一致，如问题设备连接设备所属线路为 A 线，问题设备所属线路为 B 线，此类问题一般将问题设备所属线路更新至正确的线路即可。注意：各类设备在图形上刷新所属线路后，一定要在台账中切改修正，不仔细容易出图数不一致类错误。

（2）如果有营销挂接出现该问题也可以通过节点编辑来进行整改或要求营销进行整改。

73. 线路拓扑完整性错误

问题描述：

（1）当前线路的电缆段/导线段其中一端没有终点设备与其相连。

（2）线路的末端设备不是柱上变压器、中压用户接入点或站内出线点三者中任意一种。

（3）线路或线路下级线路的出线开关与线路质检不存在拓扑通路。

问题产生原因：

（1）操作人员绘制图形时没有连接通畅。

（2）在修改图形时（如在导线中添加耐张杆塔）可能会导致该问题。

（3）在移动设备后没有进行重新连接也可能出现问题。

操作注意事项：

（1）操作人员绘制线路设备时要注意节点与节点之间保持良好的连通性，导线段中新增设备后如果无法确定时需用拓扑工具进行检查，移动导线段后要进行连接不要空置。

（2）若问题导线段/电缆段连接的末端设备与现场一致，则使用质检工具"添"功能添加末端设备。

（3）若问题导线段/电缆段连接的末端设备与现场不一致，则补绘合理的末端设备（中压用户接入点、柱上变压器、站内出线点）。

74. 线路缺少出线开关

问题描述：线路设备属性表中，出线开关的字段为空。

问题产生原因：

（1）出线设备可能为用户站，没有出线开关。

（2）老设备在 GIS 中绘制图形时不是从变电站电缆头为起点建立连接线，导致无法找到线路开关。

（3）连接线为连接好或变电站内进行了图形整改，可能导致线路无法找到出线开关。

操作注意事项：

（1）连接线应正确连接变电站电缆头，使用 PMS2.0 系统图形客户端自带"线路关联"功能将维护线路的出线开关。

（2）变电站内如发生设备变更或整改，变电人员应及时通知输电人员进行线路关联。

75. 导线/电缆缺少所属线路

问题描述：导线或电缆的设备属性中，所属线路字段为空；或者所属线路字段不为空，但该字段不属于本馈线。

问题产生原因：新绘制的设备不会存在导线/电缆缺少所属线路，老设备在图形中经过修改并没有连接可靠，在更新后该段导线/电缆找不到相对应的线路会出现该问题。

操作注意事项：

（1）使用质检工具中的"整改"功能整改导线/电缆的所属线路信息。

（2）使用质检工具中批量整改中的"所属线路整改"功能批量整改导线/电缆的所属线路信息。

（3）使用 PMS2.0 系统图形客户端自带的"局部刷新所属线路"功能整改导线/电缆的所属线路信息。

76. 线路缺少出线点

问题描述：线路设备属性表中，起始点设备的字段为空。

问题产生原因：

（1）变电站内缺少出线点。

（2）操作人员连接时没有正确的连接到点上。

（3）线路起始点设备为空，线路起始点设备与起始点设备类型不相符，线路起始点设备无效。

操作注意事项：

（1）变电人员注意保持站内设备的完整性。

（2）输电操作人员要准确的连接到点上，避免找不到线路出线点，选中与线路连接的出线点，右键"属性关联"功能关联该线路即可。

77. 电缆段/导线段缺少所属电缆/导线

问题描述：电缆段或导线段的设备属性中，所属电缆或所属导线字段为空；或者所属字段不为空，但对应的电缆/导线的所属线路值为空或不是本线路。

问题产生原因：

（1）一般现在新建线路上不会存在这类问题，这类问题可能是原数据迁移过程中出现的，或者为线路设备变更为营销设备后引起，以及系统初期操作人员删除设备时没有删除干净有遗留数据。

（2）对于导线所属线路不是本线路的问题是在设备更新或局部更新时操作有误引起的或者连接到了其他线路上也会出现该类问题。

操作注意事项：

（1）删除时要将设备删干净避免有遗留数据，确实发现有该问题可以删除重画或导线电缆重定义。

（2）对于导线不是所属线路的问题，操作人员在设备导航树内更新数据时一定要注意核对线路，在绘制图形时切勿不能与其他临近线路连接。

（3）使用质检工具中"整改"功能维护电缆段/导线段的所属电缆/所属导线信息。

（4）使用 PMS2.0 系统自带"更新所属电缆"或"更新所属导线"功能维护导线段/电缆段的所属导线/所属电缆信息。

78. 导线、导线段、电缆、电缆段缺少所属线路

问题描述：检查导线、导线段、电缆、电缆段的"所属线路"字段为空；或者"所属线路"字段不为空，但在本地市找不到所属线路对应的设备。

问题产生原因：电缆段图形所属线路为空或无效；导线段图形所属线路为空或无效。

操作注意事项：

（1）使用质检工具中的"整改"功能整改导线/电缆的所属线路信息。

（2）使用质检工具中批量整改中的"所属线路整改"功能批量整改导线/电缆的所属线路信息。

（3）使用 PMS2.0 系统图形客户端自带的"局部刷新所属线路"功能整改导线/电缆的所属线路信息。

79. 电缆段/导线段所属线路与电缆/导线所属线路不一致

问题描述：电缆段或导线段所属线路与电缆段或导线段的所属电缆或导线的所属线路不一致。

问题产生原因：

（1）局部刷新电缆段/导线段所属线路时，仅选择电缆段/导线段进行更新，并未将对应的虚拟容器（电缆/导线）一同进行更新。

（2）电缆与电缆段、导线与导线段的所属关系存在问题，导致在更新电缆/导线时，所对应的电缆段/导线段未能同步更新。

（3）更新电缆/导线为时，电缆/导线所包含的电缆段/导线段等被其他任务锁定，造成电缆/导线更新成功，而电缆/导线所包含的电缆段/导线段未能更新成功。

（4）导线、导线段、电缆、电缆段的所属地市与所属线路的所属地市不一致。

操作注意事项：

（1）更新电缆/导线时，先检查电缆/导线与电缆段/导线段是否正确关联。

（2）更新时，以电缆/导线为单位进行更新，更新完成后检查电缆/导线所包含设备的所属线路是否同步更新。

80. 电缆段图形长度与属性不一致

问题描述：图形中电缆段的长度与台账里面的长度值是否一致（差值的绝对值允许在10%范围内）。

问题产生原因：图形绘制时GPS定位不准确，有偏差。

操作注意事项：改图形结束任务自动可以同步台账或后台处理修改。

81. 电缆段超长

问题描述：图形质检工具中设施合理性检查项对电缆段长度合理性范围设定在5～500m区间，过长或过短的电缆段皆判定为疑似错误数据。

整改措施：电缆段超长（在图形客户端中，电缆段图形走势长度超过500m的电缆段，则判定为电缆段超长）。

（1）如果是漏加中间接头或者终端头（以现场实际为准），则是用"添加"功能直接插入（需注意：添加了中间头后，要重新进行导线/电缆重定义）。

在电网图形管理中使用"添加"功能，插入中间接头或终端头。根据台账里长度，借助"长度量算"功能，然后放在电缆段合适的位置上。对于电缆终端设备位置错误的，使用"移动"功能修改设备到实际位置。

（2）有站外超链接线或站外连接线的情况下，可使用"节点编辑"功能，调节站外超链接线或站外连接线的节点位置来调整电缆段的起止位置达到变更电缆段长度的目的，但一定要以现场实际为准，不可随意拉伸，并满足美观性要求。

（3）如果现场实际确实属于超 500m 电缆且无中间设备，针对该种特殊情况，添加白名单处理。

82. 电缆段过短

问题描述：在图形客户端中，电缆段图形走势长度小于 5m 的电缆段，即判定为电缆段极短。

整改措施：按现场经验基本不存在小于 5m 的电缆，图形整改使用节点编辑功能，具体操作如下：登录 PMS2.0 系统网页端创建设备变更申请—通过审核—再登录 PMS2.0 系统图形客户端打开任务，在图形客户端电网图形管理中点击节点编辑功能，拖动不合格电缆段的现有节点或添加节点使长度与现场一致。最后用"长度量算"功能，校验长度是否达到合格值。

第五节　应用类问题及解决方法

1. 登记巡视、检测、两票等记录时无法选取不到设备

该问题因设备台账中专业班组未维护导致，需联系设备维护班组人员将设备台账中的专业班组进行维护。

2. 工作任务单派错班组

检修专责在"工作任务单编制及派发"页面查到派发错误工单，点击任务追回。若工单班组已受理，需联系班组人员取消受理后再进行任务追回。

3. 工作票未关联工作任务单

工作票没有归档之前，可以将工作票和工作任务单关联，菜单：运维检修中心–电网运维检修管理–工作票管理–工作票开票（新），找到需要关联的工作任务单，查看该工作任务单并进行关联（也可取消关联）即可。

4. PMS2.0 系统工作票计划时间填写错误，需要更改，已生成票号，是否可以作废重开

在待许可及其之前流程状态下，用户在运维检修中心—电网运维检修管理—工作票管理—工作票开票（新）"票箱中找到需要作废的票，点击"作废"即可；如用户无"作废"权限，可使用系统管理员账号添加"作废"权限，再进行工作票作废。

5. 工作票处于待终结状态，但是终结时找不到此工作票

用户表示工作票已经待终结状态，找不到流程到哪里了，经指导用户在其"已办任务—工作票"下选择该工作票，查看该工作票的流程日志，即可定位到票流转到哪个账号下，用户必须登录上一流程环节选定并发送的处理人账号，才可以对票面进行处置，不是任意账号都要处置票面的权限。

6. 变电站新建后，打印操作票和签发工作票显示"类型为制票部门的票号模板不存在"

提供变电站名称和所属单位给 PMS2.0 系统运维组，添加票号模板即可。此项工作在变电站台账新建之后未投运之前即可报项目组处理。联系 PMS2.0 系统运维组对该变电站或者班组配置两票模板。

7. 已处于工作票签发状态下的检修工作因为天气或其他原因无法按时开展时，对应于系统中的检修任务如何解决

以停电检修计划为例，对处于签发状态的工作票进行作废处理，作废检修作业文本，工作任务单中追回取消任务并删除工作任务单，对已发布的停电申请单进行作废处理，再在对应的周、月检修计划中进行"计划取消"操作，删除任务池检修任务，便可完成整个检修任务的回退处理流程。

8. 操作票、工作票打印没有边框

在首次打印工作票时，需对电脑进行初始化设置；点击工作票打印按钮，在弹出的页面左下角设置，边距"无"，背景图片打"√"。

在首次打印操作票时，需对电脑进行初始化设置；点击操作票打印按钮，在弹出的页面左下角设置，背景图片打"√"。

9. 在运行日志使用前，需配置的各项信息

为保证运行值班日志的正常使用，在初次使用前，需配置以下信息：① 值班班次及安全天数配置，维护岗位名称、岗位责任、安全运行无事故开始时间、安全运行无责任事故开始日期，在维护日期时，选择时间后，必须点击设置，否则时间保存不成功；② 值班班次配置，维护本班的值班班次；③ 值班类型记录配置；④ 例行工作配置，维护各项记录的例行工作时间及周期，首次使用前，删除已有数据（来源于 PMS1.0，数据不满足 PMS2.0 系统的应用），重新维护；⑤ 运行方式维护：维护各个变电站设备的运行方式；⑥ 压力测试记录配置，配置断路器压力测试类型；⑦ 避雷器动作检查项目维护，维护避雷器动作检查项目组的各类数值。

10. 缺陷信息查询说明

缺陷状态按流程包括缺陷登记，消缺安排，生产调度审核，专责审核，班组审核，消缺验收，结束等状态，在缺陷登记查找界面时，系统默认显示"缺陷登记"下的缺陷信息，注意选择合适的缺陷状态来进行查询。如新登记的缺陷启动流程以后需要把缺陷状态改成"专责审核"，可找到此条缺陷。

11. 变电第一种工作票选择不到运行值班人员

在票面点击运行值班人员签名，弹出对话框，用户名称下拉框无人员，需提交地市管理员分配"变电一种票—运行值班负责人"的角色。

12. 新建工作票或操作票时，点击票类型下拉框，票类型为空

新建工作票或操作票时，点击新建按钮，弹出的对话框，点击票类型下拉框，票类型为空，需提交地市管理员给当前登录人分配相应的票类型的负责人的权限。如变电一种票—负责人。

13. 做调度令相关操作时选择不到相应的变电站

用户在做接受预令或者接受调度令操作时，在选择变电站时，有时下拉选择对话框中没有要选择的变电站。此类问题，需要修改相应变电站的维护班组，因为好多变电站原为有人值守站，所以维护班组经常写的"××变电站"而不是现在的运维班组。变电站的选择需要反查间隔单元的相关信息，所以此处需要修改间隔的所属调度和调度单位，间隔单元维护界面如图3-6所示。

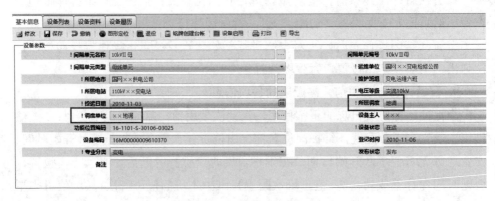

图 3-6　间隔单元维护界面

14. 巡视记录登记归档后，未更新巡视周期

该问题为巡视周期维护班组非当前记录登记人所在班组导致。可联系周期维护班组修改上次巡视时间或删除巡视周期，由记录登记人新建巡视周期。

15. 工作票需延期，延期按钮是灰色的，无法回填

在待许可界面发现延期项是灰色的无法回填，而实际"延期内容"需要在待终结状态下填写，需要进行票面发送，在待终结状态下即可填写延期内容。

16. 延期及发布停电申请单

已发布状态的停电申请单可执行延期及作废操作（入口为"电网运维检修管理""停电申请单管理""停电申请单延期及取消"），草稿状态的停电申请单可进行修改、删除操作，流程中的停电申请单可以回退到草稿状态。

17. 修试记录验收注意事项

根据易用性优化调整方案，第一、二种工作票在现场工作结束后，工作负责人维护任务结束界面后，系统自动完成工作终结、回填生成修试记录，由工作负责人点击发送至运维人员。工作许可人维护任务结束界面后，系统自动完成工作票终结和修试记录验收。

18. 从任务池中选择多条任务创建一条计划时，提示创建不成功

在新建年、月、周计划时，需要从任务池中同时选择多条任务加入同一个工作任务单时，这些任务的工作地点必须相同，以及相同的站房或者线路。

19. 发现缺陷时当即消缺的缺陷录入缺陷记录

在缺陷登记时如果勾选了"已消缺"，将不进入缺陷审核流程，勾选后，可以直接登记缺陷的处理信息以及验收信息，填写完成后发送至专责进行缺陷的信息审核，专责审核后可直接结束。如在检修或消缺过程中发现缺陷并可以在本次工作中解决的，则对在修试记录中记录相应情况即可，并在工作票中新增相应工作内容。如本次工作无法完成消缺，则在修试记录中登记新缺陷并走消缺流程。

20. 运行人员发现检修人员提交的修试记录有问题，需要回退修试记录时，检修人员此时已经终结了班组任务单，是否会对回退有影响

不会有影响，如果此时检修班已经终结了班组任务单，运行人员依然可以回退该修试记录，检修人员可以到"工作任务单"受理菜单中，找到已经处于完成状态的工作任务单，点击"查看"按钮，打开该工作任务单，再点击修试记录，此时仍然可以对回退回来的修试记录进行修改，且修改完成后可以重新保存并上报验收。

21. 进行缺陷登记时，如何选择到整个配电站房作为缺陷主设备

目前系统对于配电的站房，可以选择整个站房作为缺陷主设备，选择时，以电压等级为节点，右侧点击"查询"后在查询结果中直接选择一个站房就可以。

22. 当一个设备需要进行两项不同作业类型的工作时，如何在任务池中新建任务

针对同一个设备，在"任务池新建"菜单中点击两次新建，针对同一个设备新建两条临时的任务，每一条任务修改为一种作业类型。另外一种简单的方式是：在"任务池新建"菜单中，在任务池新建对话框点击对话框下方的"新建"按钮后，在设备选择的对话框中先选择一次该设备，关闭设备选择框，再点击一下任务池新建对话框中的"新建"按钮，再次选择该设备，再单独对两次选择的该设备维护作业类型。

23. 如果多个班组同时配合完成同一项工作，多个班组有不同的分工，如何在系统中体现出多个班组不同的工作内容

在"工作任务单编制及派发"菜单中，同一个工作任务分配到不同的班组后，默认情况下，三个班组的内容会是一样的，与工作任务单总的工作内容相同。如果要体现出不同班组有不同的工作内容，则要在已分配班组的"工作内容"进行修改。

24. 用户提交了修试记录到运行班组之后，运行班组在"修试记录验收"菜单中无法查询到该修试记录

运行班组查询不到修试记录，一般是由两种原因造成：① 该修试记录的"设备地点"为空；② 该修试记录的"设备地点"所涉及的变电站或者线路的专业班组未维护该运行班。

25. 巡视计划的到期时间定义

"巡视到期时间"对 PMS2.0 系统中的巡视周期和巡视计划这两类数据有重要意义，即用于指导用户某一电站/线路的某一巡视类型必须在哪个时间节点之前进行。"巡视到期时间"计算主要由两个变量决定：上次巡视时间和巡视周期（见图 3-7），即由上次巡视时间和巡视周期决定下次巡视工作的最后期限，即计划巡视到期时间，如图 3-8 所示。

图 3-7　巡视周期截图

图 3-8　计划巡视到期时间截图

26. PO 互联实际应用检查方法

登录 PMS2.0 系统，找到菜单"运维检修中心—电网运维检修管理—检修管理—计划执行情况查询"，点击"查看调度批复信息"，如能弹出调度批复信息窗口，则该计划是通过 PO 互联，如图 3-9 所示。

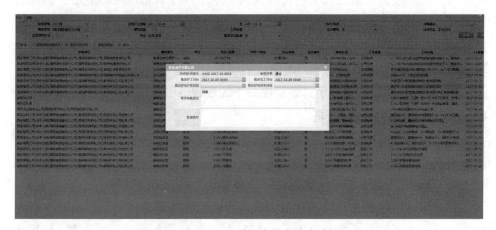

图 3-9　PO 互联调度批复信息窗口

27. 检修计划未走 PO 互联

停电检修计划在计划制定后，没有走运检计划专责审核环节，而是仍然走的停电计划审核，未经过调度 OMS2.0 审批。在检修计划执行环节，流程一定要发送到运检计划专责审核，并发送到调度平衡环节，而不是"停电计划审核"，计划检修流程图如图 3-10 所示。

28. 走大检修消缺时，选择修试记录结论时注意事项

在进行消缺工作时，检修班组登记修试记录，"结论"有六个选项可以选，其中如果选择前四个，认为本次检修工作顺利完成，缺陷状态则继续发送到了消缺验收环节，待运行班组验收修试记录之后，缺陷流程闭环。

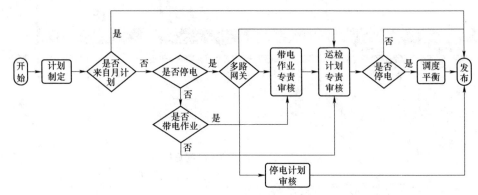

图 3-10　计划检修流程图

如果结论选择了后两个，设备不可投运，修试记录"保存并上报验收"之后，则会出现如下提示，缺陷会重新入池，此时任务池中重新生成了一条待开展状态的消缺任务。重新入池的待开展状态的消缺任务又可以被重新编制检修计划和停电申请单，重新编制工作任务单，重新进行新的检修流程。新入池的任务编制工作任务单派发到班组后，班组重新进行消缺工作，重新提交修试记录以后，缺陷流程都推送到了消缺验收的状态。

29. 巡视周期维护时提示"该变电站下的巡视范围和巡视类型已经存在"或者"该巡视范围存在重复杆塔"

该电站或者线路已经维护了该种类型的巡视周期；系统中存在迁移过来的该电站或者线路的垃圾周期数据。

30. 故障登记菜单中的"跨区线路故障登记"按钮如何使用

首先应该明确哪些线路出现故障时可以使用这个菜单选择到这条线路登记故障记录：线路的跨区域类型必须是"跨省"，线路为在运且发布状态。且该线路的专业班组或者维护班组中存在维护人员所在班组，另外该线路的专业班组或者维护班组所维护的班组才能在登记跨区故障时选择到该线路。

31. 检修计划因天气、方式安排等原因取消

实际工作中，存在月计划、周计划已经申报并通过调度审批，计划检修专责编制工作任务单，安排工作任务给班组，班组已开工作票并到了待许可环节，而由于天气、方式安排等原因检修工作取消，系统可按照如下流程取消检修工作：

（1）工作负责人作废工作票，取消受理工作任务单。

（2）计划检修专责追回工作任务单，取消工作任务单。

32. 工作票、操作票填写发生错误

已生成票号的工作票、操作票，经审核发现有误时不允许回退，将该票转为作废票，并重新办票履行审核流程；因调度、天气等特殊原因该工作取消时，将该票转为未执行票或作废票。

33. 缺陷已入池后，发现缺陷填写错误，需要修改或者删除

计划检修专责进入任务池管理—任务池新建界面，找到缺陷的任务，删除该任务，缺陷将退回到消缺安排环节，然后将缺陷逐级回退至缺陷登记环节，由缺陷登记人进行修改或者删除。

34. 配网线路月计划编制后，运维人员开展逢停必巡，发现了设备缺陷，需要处理，计划检修专责如何将缺陷纳入周计划一起报送停电工作

将新增设备的缺陷加入任务池，在周计划报送时将缺陷的任务和月计划合并报送。

35. 变电运维班初始化后，登记运行日志，提示"没有获取到值班类型，或者获取值班类型时出错，请与系统管理员联系"

进入电网运维检修管理—值班类型记录配置中，设置有人值守站和维操队的值班类型。注意，班组组织机构的"专业性质"（见图 3–11）要和值班类型记录配置的"值班类型"（见图 3–12）对应。

图 3–11　专业性质维护界面

图 3–12　值班类型维护界面

36. 工作任务单编制无法根据已发布周检修计划的处理办法

周计划发布之后，可通过发布的周计划编制工作任务单，如果无法找到发布的周计划，要确认该周计划是否停电，如果停电需要首先编制停电申请单。

37. 检修计划取消、变更

年、月计划取消变更在"检修计划变更及取消"菜单操作，周计划取消变更在"周计划编制"菜单操作。

38. 绝缘子盐密、灰密测试记录登记时无法选择杆塔

登记绝缘子盐密、灰密测试记录前需要维护杆塔的防污检测点台账。

39. 变电设备状态评价页面，找不到新投运的设备信息，无法进行状态评价工作

首先由班组长，在信息数据收集页面，通过过滤条件，查询出新投运设备，点击选择更新，将设备成功收集后，即可在变电设备状态评价页面查询到该设备。

40. 检修计划需追加检修设备

在计划新建界面，可点击"添加设备"按钮进行添加同线路/电站的设备，在计划编制状态的周计划可通过修改计划进行任务追加操作。

41. 对于不同专业班组分段维护的混合型线路建立巡视周期

在线路巡视周中点击"新建"按钮，在弹出的对话框中点击"添加设备"按钮后，在左侧的树状图中选择需要维护的区段进行周期维护。

42. 特殊巡视关联巡视计划时，检索不到相应巡视计划

特殊巡视由于没有巡视周期，建议将特殊巡视周期设置为三个月，在检索各类巡视计划时注意设置巡视到期时间以及巡视类型，以防检索不到相应巡视计划。

43. 登记巡视记录时，巡视计划信息栏出现多条一模一样的计划

在"运维检修中心—电网运维检修管理—运行值班基础维护—例行工作配置"页面的"电站巡视周期配置"里找到相应的周期，点击"修改"，再点击"保存"，触发更新巡视计划的机制，重新更新巡视计划即可。

44. 检修单位开工作票选不到变电站

由变电运维人员发起设备变更申请流程，在"电网资源管理—设备台账管理—设备台账维护"中点开变电站台账维护专业班组，在相应的班组类别中添加需要开票的班组即可。

45. 操作票执行完毕，回填时已执行打勾需一条一条勾选，耗时过久

在操作票空白处右击，出现"全部打勾"字样，单机即可全部打勾。

46. 登记巡视记录时出现别的班组的变电站

变电站专业班组维护错误，如登记巡视记录时，某公司变电运维一班不应该看到 110kV 花园变压器，那么 110kV 花园变压器的专业班组里各种班组类别里（包括检修、直流、计量、运维、保护、自动化、试验、有人值守站、监控中心、调度）都不应该出现某公司变电运维一班。

47. 在运行值班日志界面登记设备测温记录,进行整站测温需选取全站设备,如何简便登记全站测温记录

登记一条整站设备测温记录时，需把"全站测温无异常"前面的框打上勾，就可以登记整站设备测温记录，不需要选取全站设备。

48. 在运行值班日志中登记避雷器动作次数记录时，发现累计动作次数等参数不正确，但又无法修改

累计动作次数是根据之前的记录自动生成的，如发现错误，则需要在"电网运维检修管理—运行值班基础维护—避雷器动作检查项目维护"中重新进行初始化。初始化之后第一次登记录时采用"新建"的方式，后续登录再采用"导入上一次设备清单"。只登记泄漏电流时，动作次数不用修改，只登记动作次数时，泄漏电流不用修改。

49. 交接班小结生成不了，提示"交接班小结生成失败，请联系管理员"

检查每项运行记录的日志和记录条数是否一致，找出差异，删除多余的日志或记录即可进行交接班。

50. 双（多）回线路巡视时多条计划同时执行

在线路巡视计划编制页面，选择处于编制状态的多条巡视计划，点击"合并"按钮进行计划合并，计划发布后按照巡视计划正常流程进行即可。

51. 用户无法将95598工单转派至供电所

用户需将"是否开启二级转派功能"开启，开启后方可进行95598工单转派至供电所

52. 工单提示音配置

工单提示音由县调度中心配制，配置方法如下：系统导航—配网抢修管控—基础管理—抢修参数配置，点击"修改"按钮，参数即可修改，修改完成后，点击"确定"后，再点击"刷新缓存"即可（注：到达超时预警时间，建议参数值10～20min，第一次催办时间，建议参数值2000～3000min）。

53. 配置个人账号95598工单消息声音

用户登录账号后，进行抢修过程管理—功能菜单—配置，进行"基本配置、消息声音配置"，此配置只针对当前账号。

54. 指挥中心将工单转派到供电所后，供电所找不到工单

此种类型多出于使用二级转派单位，工单和人员必须在同一单位下才可以接到并流转工单。首先确定县局将工单转派到"所""班"，然后确定供电所人

员所在单位为"所""班"，此时如出现接不到工单可让县局重新转派（第一次转派到"班"，供电所人员无法接到工单，可直接第二次转派前提是没有人员处理过工单）。

55. 供电所用户进接单和工单流转

（1）使用二级转派功能的县局、未使用二级转派的县局及供电所：系统导航—运维检修中心—配网抢修管控—抢修管理—抢修过程管理/抢修过程管理（新）。

（2）使用二级转派功能的供电所：系统导航—运维检修中心—配网抢修管控—抢修管理—抢修过程管理（供电所）。

56. 工单转派时选不到目标班组

由抢修指挥班人员在"配网抢修管控—基础管理—抢修资源维护"菜单，左边部门树选到本单位，右侧点击"新建"，填写"资源类别""资源名称""所属部门/班组"等字段，点击保存。

57. 工单在抢修单查询中有，在抢修过程管理中看不到

在查询条件中，有时间、抢修单状态、班组等条件限制，抢修过程管理—恢复默认设置即可，如恢复默认设置仍无未能看到，查看工单编号前 8 位，为年月日，受理时间是否在范围内（默认为一个月）。

58. 遇到同一地点的抢修单时，重复回单影响工作效率并增加工作量

抢修指挥班人员遇到同一地点的工单时，可以选择通过工单合并功能实现高效处理。具体操作是：选择多个需要合并工单，点击"合并"按钮，弹出"抢修单合并"界面，选择一个未超时的工单作为主单，其余子单时间都以主单为准，继续完成后续相应抢修过程直至归档。

59. 在对图形进行开关置数的时候，提示没有操作的权限

首先应核实一下该设备的铭牌的调度单位是否与登录的账号的调度单位一致。如一致，请核实该账号的所属调度单位是否正确。

60. 用户挂上工作牌以后，看不见所挂的牌

核实图形客户端的图层管理里公共设施是否是可见的状态。

61. 新增停电信息时，使用"图形拓扑添加"停电设备，提示未分析出影响设备

此类问题首先需排除线路是否双电源、是否联络开关、线路上是否有设备、线路拓扑是否存在问题，如以上 4 种原因均排除，可联系项目进行排查。

62. 新增停电信息后，停电设备添加后，进行用户分析时，提示未分析出影响用户

此类问题分两种情况：① 停电设备是否含有公用变压器，如不含有公用变压器，则无影响用户，PMS2.0 系统只分析公用变压器用户；② 停电设备含公用变压器，确定公用变压器到底压接入点的拓扑关系有无问，再确定 CMS 侧公用变压器台区下有无用户，如有问题进行应的数据治理，如无问题需要项目组人员进行营销同步至 PMS2.0 系统即可。

63. 停电信息报送信息维护错误且已报送如何处理

停电信息报送后，发现信息维护错误可在停电信息变更中进行变更。

64. 停电信息重复报送或已报送的停电信息需要取消息

如停电信息出现重报送或需要取消已报送的停电信息，可在停电信息变更中进行撤销。

65. 区分停电信息变更中的计划变更和现场变更

计划变更和现场变更的区别在于是否已到"开始停电时间"，如未到开始停电时间变更类型为计划变更，如已到开始停电时间变更类型为现场变更。

66. 停电申请单是否站调如何选择

在停电申请单新建时是否站调选择"是"，则可以走线下流程，不经过调度审批，选择"否"，流程将推送到 OMS2.0，经过调度审批。

第六节　跨系统接口类问题及解决方法

1. 营配贯通不一致问题

营配贯通不一致问题数据主要由于生产或营销专业班组未及时、准确地将各类数据资料在PMS2.0系统或营销系统录入，导致两边系统比对后产生不一致，营配贯通不一致问题分析表见表 3-1。

表 3-1　　　　　　　　　　营配贯通不一致问题分析表

问题类型	产生原因	解决措施
（1）仅生产有的变电站。 （2）仅生产有的公线。 （3）仅生产有的专线。 （4）仅生产有的公用变压器	（1）统计数据来源生产 PMS2.0 系统、GIS 异动中间库和营销基础数据平台，由于营销系统档案数据未推送至营销基础数据平台。	（1）营销班组根据问题清单中的数据在营销系统中进行核实，经核实营销系统也存在的数据，上报营销系统项目组，由营销系统项目组重新将数据推送至营销基础数据平台。

问题类型	产生原因	解决措施
（5）仅生产有的专用变压器	（2）生产PMS2.0系统已经将数据推送至数据中心，而营销系统没有从数据中心读取数据。 （3）数据不存在或者营销系统中该数据已经退役或者拆除，但在生产系统中未做退役处理。 （4）生产PMS2.0系统源端数据录入不符合营销读取规则，导致生产PMS2.0系统中的公用变压器无法同步至营销系统	（2）营销班组确认问题数据在营销系统中没有的，由生产班组根据营配调贯通同步条件修正生产PMS2.0系统中的台账信息，修改生产系统中公用变压器台账后，生产系统将在凌晨自动将公变数据同步至数据中心，营销系统将从数据中心自动读取。 （3）关于营销系统中已经拆除或退役的专线专用变压器数据，有营销班组在营销建模客户端中删除相应数据
（1）仅营销有的变电站。 （2）仅营销有的公线。 （3）仅营销有的专线。 （4）仅营销有的公用变压器。 （5）仅营销有的专用变压器	（1）营销系统档案数据中存在垃圾数据，并同步到了营销基础数据平台。 （2）在营销系统档案数据中设备状态维护错误，将停运的设备状态维护成了在运。 （3）营销班组没有及时将营销系统里的专线、专用变压器录入到营销建模客户端	（1）营销班组对生产PMS2.0系统中不存在的数据，在营销系统中做拆除处理。 （2）营销班组根据生产PMS2.0系统中各类设备的台账信息，对营销系统档案数据中的档案信息进行更新，如果存在无法维护问题，可以报营销系统项目组进行处理。 （3）营销班组根据实际情况，尽快完成专线、专用变压器在营销建模客户端中的录入工作
（1）生产与营销关键属性不一致变电站。 （2）生产与营销关键属性不一致的公线。 （3）生产与营销关键属性不一致的专线。 （4）生产与营销关键属性不一致公用变压器。 （5）生产与营销关键属性不一致的专用变压器	（1）生产班组在生产PMS2.0系统进行设备基础数据维护后，生产PMS2.0系统将变更后的数据同步至数据中心，而营销系统未能及时读取导致各类设备生产与营销关键属性不一致。 （2）在营销系统里存在的设备关系和在GIS异动中间库里存的设备关系不一致：① 设备拓扑问题，无法生成关系；② 设备台账问题，不符合生成关系条件	（1）营销班组核实营销系统中问题数据的关键属性后，将核实结果上报营销系统项目组，由营销系统项目组重新读取数据中心数据。 （2）生产班组根据公线、公用变压器营配同步条件修正PMS台账数据，在PMS图形客户端中整改"线路和变电站""线路–变压器"的连接关系。 （3）营销班组根据专线、专用变压器营配同步条件修正营销系统档案数据，在营销建模客户端中整改"线路和变电站""线路—变压器"的连接关系
（1）营销表计无单一箱表关系。 （2）营销表箱未建模。 （3）营销表箱无低压接入点数据	（1）营销班组未将箱表关系数据导入营销系统，导致计量表计未与表箱建立挂接关系。 （2）营销班组在整理箱表关系时，将一个计量表计与多个表箱建立挂接关系（一表多箱）。 （3）表箱不存在（无效箱表关系），则该电能表已与唯一表箱建立正确挂接关系，但此表箱台账不存在。 （4）营销班组已完成营销系统内的表箱导入工作，但还没有在营销建模客户端中录入表箱图形。 （5）营销班组在营销图形客户端中挂接表箱时，没有挂接成功	（1）营销班组整理正确的箱表关系数据，导入营销系统。 （2）营销班组核对问题清单，将错误的箱表关系数据报提营销问题平台，由营销系统项目组后解除关系。 （3）营销班组根据问题清单，在营销建模客户端和营销系统核对表箱编号是否一致，且表箱档案在营销系统存在且在运。 （4）营销班组根据问题清单中的表箱数据，在营销建模客户端中对未建模的表箱进行补建。 （5）营销班组检查表箱在营销图形客户端中挂接情况，将挂接错误的表箱进行删除重新挂接

2. 在营销系统中已填有 PMS2.0 系统的 42 位配电变压器 OBJ_ID，但仍然显示营销与 PMS 未对应的公用变压器问题

在与营销系统完成编码对应后，还需要检查一些相关属性是否正确。具体属性如下：

（1）PMS2.0 系统配电变压器仅有图形没有台账的。

（2）PMS2.0 系统配电变压器台账资产性质为用户或变压器使用性质为专用变压器的。

（3）PMS2.0 系统配电变压器台账的运行状态为未投运或退役或报废的。

（4）PMS2.0 系统配电变压器台账的发布状态为录入的。

因此需要治理人员认真核对以上信息，如果出现以上信息的任意一种情况，也无法使 PMS2.0 系统与营销系统的公用变压器对应。

3. 营配异动数据异动失败原因及分析

基本上异动失败的原因就是没有产生线变关系。变压器缺少线变关系，首先要核查线路和变压器的台账信息的是否代维字段，需为"否"。新版异动变压器的使用性质应为公用变压器，否则即使传到数据中心，营销也是不读取的。另外变压器新增时，必须图形和台账同一天发布才可以，否则变压器分析不到线变关系。变压器线变关系生成逻辑由原来的依托变压器台账所属线路抽取线变关系，变更为通过拓扑服务，根据变压器图形拓扑关系分析变压器线变关系。此时数据需要图形维护人员对变压器、线路的图形拓扑和常开开关的常开状态进行核查、治理，确保图形拓扑关系准确，常开开关常开状态打开，以保证变压器线变关系准确性。

4. 异动营销之后还是存在与营销不对应

（1）首先核实运检和营销的变压器的运行状态、使用性质单位是否一致。

（2）是否存在营销单方面拆除变压器的情况。

（3）是否有运检侧退役了变压器，但是营销侧未退役成功的情况。

5. 站线变同步至营销单位不一致

问题描述：配电变压器在 PMS2.0 系统中的单位在 A 供电所，推送到营销后单位为 B 供电所，造成此问题的原因是由于营配单位对应表配置有问题，需要重新提交营配单位对应关系至项目组，由项目组将其维护到系统中。

解决办法：从 PMS2.0 系统消息中下载"营配贯通单位对照表维护"，根据有问题的配电变压器的维护班组从对照表中进行查询，看是否是单位对照有问题，如果是的话则需要按照模板提供新的单位对照关系提交至问题管理平台由

PMS2.0 系统运维组处理。

6. 配电变压器同步至营销变成上级单位

问题描述：目前 PMS2.0 系统同步站线变至营销系统有两种技术路线，一种是实时同步，另外一种是之前的定时同步的方式。采用实时同步时系统会将设备的运维单位字段经过营配单位对应转换后同步至营销，因此会造成同步至营销后单位变成了上级县公司。

解决办法：将同步至营销后单位有问题的配变的设备编码汇总到 Excel 中报送至问题管理平台，由项目组手工进行同步，同步之后当天晚上营销读取后可解决。

7. PMS2.0 系统站线变设备无法退役

问题描述：退役站线变设备时，有时系统会提示"存在正常用户或者在途传票"，出现这个提示是因为要退役的设备在营销系统中还下挂有用户或者营销系统中相关的流程没有终结。

解决办法：这种问题可以先联系营销人员，检查退役的设备下是否在营销系统存在正常用户或在途流程，如果营销人员检查不出来则需联系营销项目组从后台进行查询，然后让营销人员根据清单切改或者进行流程终结后再进行退役。

8. 典型低压用户选择查询不到用户

问题描述：配网管控低压用户选点统计页面查询配电变压器下挂的用户数为 0，产生该问题的原因是由于项目组后台进行数据初始化时根据配电变压器关联不到用户。

解决办法：产生这种问题可能是几个方面的原因导致的：① 初始化是根据"配电变压器—低压线路—接入点—用户"去匹配的，出现这种问题首先要去图形客户端查询是否能够从配电变压器依次找到用户；② 这里说的用户不是计量箱，而是营销系统的用户，因此除了要在图形客户端能够找到计量箱之外还需要去营销系统查看是否这些计量箱已经关联了用户；③ 由于营销系统的数据数量较大，初始化时间会很长，项目组基本上每周三进行数据初始化一次，所以会导致在一次初始化之后变更的数据要到第二次初始化之后才能看到效果。

9. 配网管控模块配电变压器没有采集数据

问题描述：配电变压器关联不到用采推送的电压电流功率采集数据，导致配网管控模块配电变压器为未采集配电变压器。

解决办法：配电变压器为未采集配电变压器可能有两种原因造成：① 采集

装置问题或者其他原因导致用采没有将采集数据推送到 PMS2.0 系统数据库中，这种问题需要联系营销采集核实没有采集数据的原因；② PMS2.0 系统配电变压器与采集推送的数据之间关联是基于营配贯通，PMS2.0 系统将台区推送至营销，营销再将配电变压器推送至用采，PMS2.0 系统通过 TG_ID 将配电变压器与用采的采集数据关联，有时候查到用采侧有数据但是 PMS2.0 系统还是显示为未采集配电变压器可能是营销没有将最新更改的配电变压器同步至用采，导致无法匹配，这种情况将未采集配电变压器报问题平台，由 PMS2.0 系统运维组查询出配电变压器的 TG_ID，用户根据 TG_ID 联系用采项目组查询。

10. 停电信息图形拓扑分析不到设备问题

首先图形拓扑分析功能是基于图形的，通过所选停电线路分析出该线路下的停电设备，有的能分析出来，有的不可以，说明该功能没有问题，问题出在自己图形数据和设备挂载上面；当点击"图形拓扑分析"时，有的出现弹框报系统错误，原因可能为该停电线路名称或该停电线路下的停电设备名称在图形中填写有问题，不符合规范，导致系统无法解析提示弹框报错；有的不弹框直接分析不到设备，原因可能为在图形中停电设备挂载错误、出线开关未闭合、图形中停电线路名称与录入线路名称不对应等。

停电信息无法分析设备主要分类两类情况：通过图形拓扑无法分析出设备；通过台账无法添加设备。

（1）图形拓扑无法分析出设备原因。图形拓扑不通，无法分析设备；图形拓扑连通，但通过拉开开关时，开关未起到开关作用，即图形上的开关直接由超连接线贯通了；图形台账的端子号未对应；图形台账的运维单位错误；图形台账的站—线—变—接入点挂接关系错误；设备与图形不对应；GIS 系统的空间服务出现问题或者 PMS2.0 系统的某一节点出现阻塞的现象，导致部分电脑分析失败，部分电脑可正常分析；Google 浏览器版本过高（60 版本以上），有可能导致部分性能出现不兼容的情况。

解决方案：出现此类问题时，先由供指中心提交问题至本单位设备部，由本单位设备部先行自查，当本单位检查完成后均未发现问题，再报交 PMS2.0 系统运维组进行具体问题具体分析原因。

（2）通过台账无法添加设备，产生此类情况的主要有如下：线路未关联大馈线或者关联大馈线错误，导致在使用"通过台账添加"时，弹出的框内无法选择相应的设备。线路下没有公用变压器台账，因为在通过台账添加时，PMS2.0 系统是不显示专用变压器台账，只显示公用变压器台账。但是，通过图形拓扑是可以分析出专用变压器台账的。设备台账的挂接关系错误。设备台账的状态为非在运状态。设备台账的运维单位错误。设备的资产性质为"用户"资产，但使用性质为"公变"。

解决方案：出现此类问题时，先由供指中心提交问题至本单位设备部，由本单位设备部先行自查，当本单位检查完成后均未发现问题，再报交项目组进行具体问题具体分析原因。

对于专用变压器台账无法定位，又无法通过台账添加的问题，可以通过图形拓扑分析，先选择此条线路下相近的公用变压器信息定位，再通过已定位的公用变压器查找此附近需要选择的专用变压器，然后拉开开关，分析出设备。

11. 停电信息报送失败

停电信息报送失败主要原因是调用接口超时或者延迟。这里分两种情况：

（1）调用营销接口超时。有可能会产生 PMS2.0 系统上报停电信息失败，而且 95598 系统无法收到上报的停电信息。

解决方案：删除此条停电信息，重新手动录入一条新的停电信息上报（注意：不要通过历史停电信息导入的方式，最好手动重新录入）。

（2）PMS2.0 系统接口任务出现排队的情况，有延迟现象：有可能会产生 PMS2.0 系统上报停电信息失败，但 95598 系统已收到此停电信息。

解决方案：如果出现此类停电信息的情况，发邮件至 PMS2.0 系统运维组，由 PMS2.0 系统运维组从后台修改此条停电信息的状态，改为"已报送"。

12. 停电信息可以分析出设备，但无法分析出用户

停电信息无法可以分析出设备，但无法分析出用户一般由于系统或数据问题造成。

（1）系统问题主要是 PMS2.0 系统未及时同步营销的用户信息。

解决方案：对于 PMS2.0 系统未及时同步营销用户信息的问题：现已初步解决，PMS2.0 系统运维组会每周更新一次（因为每次更新需要更新全省的用户数据，数据量比较大，更新时间比较长）。

（2）数据问题主要是设备下未有相应的用户信息，或者变—接入点–用户的挂接关系不对。

解决方案：对于此类问题先由本单位设备部与营销部自行检查，排查无结果后，再发送邮件至项目组，然后由 PMS2.0 系统及营销项目组联合排查原因，进行具体情况具体分析。

13. PMS2.0 系统账卡物一致性治理未匹配数据

（1）PMS2.0 系统有 PM 编码无资产号，在 ERP 系统用 IH08 指令能查询到设备，有设备资产号。提供对应设备类型、设备编码和正确的资产编号，提交 PMS2.0 系统运维组处理。

（2）PMS2.0 系统设备已同步至 ERP 系统，但 PMS2.0 系统侧 PM 编码为空，ERP 系统有设备信息。提交 PMS2.0 系统运维组处理。

（3）PMS2.0 系统有 PM 编码无资产号，在 ERP 系统用 IH08 指令能查询到设备，无设备资产号，通过重新发起设备资产卡片创建工作流，生产卡片交财务处理。具体操作流程：登录 ERP 系统，使用 ZFI00067 事务代码，进入资产卡片创建工作流，选择创建，填入所要创建资产卡片的设备编码。填入正确的设备数量及单位，点击"提交"后流程到达财务部门，通知财务部门生成资产号。

（4）PMS2.0 系统无 PM 编码无资产号，在 ERP 系统用 IH08 指令未找查询到设备。上报 PMS2.0 系统运维组刷新 PM 编码，通过 PMS2.0 系统走设备变更流程，重新同步 ERP 系统并发起固定资产卡片工作流，创建资产卡片（17 年之前的存量数据）。

（5）涉及新增设备均在实物资产管理中的设备资产同步模块，根据正确的工程编号进行同步，新增数据项目组不刷新 PM 编码。

14. 关键字段不一致的处理方式

（1）电压等级不一致。PM 电压等级不符，登录 ERP 系统，用 IE02 指令进入修改设备清单指令，在"附加数据"菜单下修改电压等级。AM 电压等级不符，登录 ERP 系统，用 IE02 指令进入修改设备清单指令，在"位置"菜单下修改 ABC 标识字段的电压等级。

（2）AM 资产细类不一致。登录 ERP 系统，通过 IE02 修改设备台账的方式，将设备台账中资产号字段删除，保存，再该设备状态修改为"删除"。重新通过资产卡片创建工作流，重新生成资产卡片。

15. 不可能为安装的设备修改维护工厂

问题分析：由于 ERP 系统中功能位置的维护工厂与 ERP 系统设备的维护工厂不一致导致

解决办法：根据 PMS2.0 系统中设备实际所在单位，来修改 ERP 中功能位置的维护工厂或设备的维护工厂，根据 PMS2.0 系统设备作为数据源的原则，在 ERP 中修改设备所安装的功能位置维护工厂即可。

16. 计划工厂 4101 不支持维护计划组 J03

问题分析：ERP 系统设备的计划员组根据 PMS2.0 系统设备对应的维护班组转换而来，由维护班组根据对应关系表确定计划员组、使用保管部门及实物管理部门，正常情况下，一般地市单位维护工厂和计划工厂是一样的，但对于长株潭 220kV 及以上变电类设备维护工厂和计划工厂不一致，针对这种特殊情况确保计划员组属于省检修公司下的计划员组，必须对 PMS2.0 系统设备对应的维护班组进行先转换成检修公司下的维护班组，从而根据检修公司的维护班组找到对应的计划员组。

解决办法：针对计划工厂与维护工厂相同的情况下，可以根据维护班组的对应关系表直接转换成对应的计划员组、使用保管部门及实物管理部门，请各单位 PMS2.0 系统使用人员务必保证对应关系表正确无误（注意新增维护班组时）。针对计划工厂与维护工厂不相同的情况，首先需要对维护班组转换成检修公司下的维护班组，再根据维护班组的对应关系表直接转换成对应的计划员组、使用保管部门及实物管理部门，请各单位 PMS2.0 系统使用人员务必保证对应关系表正确无误（注意新增或变化维护班组时）。

17. 功能码不能被选择

问题分析：由于 ERP 系统设备的状态已经是系统删除状态，ERP 系统要求对已系统删除的设备不允许做任何台账修改操作或者业务发生，所以 PMS2.0 系统在修改设备同步操作时因 PMS2.0 系统与 ERP 系统设备的状态不一致导致同步失败。

解决办法：由各单位 ERP 系统设备模块用户对设备状态根据设备的状态实际情况进行修改。

18. 设备号的 WBS 元素不能为空

问题分析：由于 ERP 系统设备台账 WBS 元素作为一个需要输入的字段，因 PMS2.0 系统设备台账同步过来的信息缺少 WBS 元素或者填写了错误的 WBS 元素。

解决办法：在 PMS2.0 系统将设备台账的信息维护正确和补充完整。

19. 工程编码不正确报错

问题描述：设备号 16M×××××××××对应的 WBS×××××××不存在，如图 3－13 所示。

（1）新建设备手动同步时报此类错误，原因：子设备是打包同步，如果新建一个该主设备下已同步过的子设备，在流程结束时会自动同步，同步是会引用新建流程时的工程编号。

解决办法：可到 ERP 中查询正确的工程，若 ERP 无法提供，先填写公共代码，注意不建议单独以 GGXM 为项目编号，可以加上特殊的标记，如 GGXM+地市简写日期时间，然后再同步打包界面修改成 GGXM 同步如：长沙的 2017 年 3 月 5 号 10:21 走的流程，可以写成：GGXM－CS201703051021。

（2）新增流程流程结束自动同步时报错，子设备是打包同步，如果新建一个该主设备下已同步过的子设备，在流程结束时会自动同步，同步是会引用新建流程时的工程编号，如已报错请报问题平台处理。

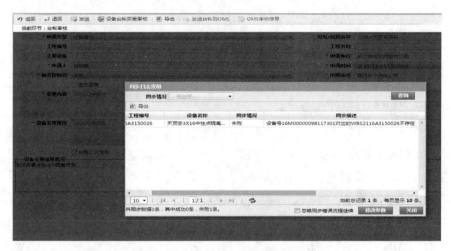

图 3－13　设备 WBS 提示错误界面

20. 设备号的功能位置不能为空或不存在

问题分析：由于 ERP 系统设备台账功能位置作为一个需要输入的字段，因 PMS2.0 系统设备台账同步过来的信息缺少功能位置，因功能位置是 PMS2.0 系统自动生成，不是作为一个用户需要输入的字段，需要 PMS2.0 系统管理员生成设备安装存放位置的功能位置编码。

解决办法：请各单位 PMS2.0 系统用户联系 PMS2.0 系统管理员生成设备安装存放位置的功能位置编码。

21. 设备层次结构内不允许有不同的设备

问题分析：由于 ERP 系统要求子设备必须继承高级设备的组织结构，即子设备的维护工厂、计划工厂、计划员组和工作中心等必须保持一致，因 PMS2.0 系统同步的子设备与对应的高级设备组织结构不一致，导致子设备无法正常同步。

解决办法：各单位 ERP 系统设备模块用户根据子设备的高级设备组织架构的实际情况修改设备台账信息的组织架构。

22. 设备号的高级设备不存在

问题分析：对于 ERP 系统而言，无论有无高级设备都可以进行设备台账的创建或修改，而从 PMS2.0 系统同步过来的子设备信息中包含了高级设备，但该高级设备在 ERP 系统中不存在，根据 PMS2.0 系统设备的同步规则，必须先同步高级设备，再同步子设备，因而导致以上子设备无法正常同步。

解决办法：由各单位 PMS2.0 系统用户先发起高级设备的同步流程，待高级设备同步完成后，再进行子设备的同步操作。

23. PMS 中无 PM 编码

问题描述：指 PMS2.0 系统中相应设备台账参数中 PM 编码字段为空。

问题产生原因：① 相关设备未同步 ERP，或同步 ERP 失败；② PMS2.0 系统内设备状态为退役或报废。

操作注意事项：① 在新建设备时，注意资产同步流程是否完成，无法自动同步至 ERP 系统的，请手动同步至 ERP 系统，相关设备资产同步流程中尽量填写施工单位（发策部）提供的工程编号，请不要填写公共编码，以减少资产同步的时间和成功率；② PMS2.0 系统内设备状态为退役或报废的设备，PM 编码字段会自动取消关联为空。

24. PMS 中无 AM 编码

问题描述：指 PMS2.0 系统中相应设备台账参数中 AM 编码字段为空。

问题产生原因：① 在新设备建立台账后第一次资产同步过程中，因 ERP 系统回传不及时（默认为第二天回传），造成 PMS2.0 系统仅接收到 PM 编码，未收到 AM 编码，造成 AM 编码字段为空；② 新设备未成功同步至 ERP 系统（PMS2.0 系统中相关台账无对应 PM、AM 编码）。

操作注意事项：① 如新设备建立后第一次资产同步后，系统台账 PM 编码字段正确，AM 编码为空，请及时联系 PMS 和 ERP 项目组处理相关问题，请勿重复手动资产同步；② 在新建设备时，注意资产同步流程是否完成，无法自动同步至 ERP 系统的，请手动同步至 ERP 系统，相关设备资产同步流程中尽量填写施工单位（项目管理单位）提供的工程编号，请不要填写公共编码，以减少资产同步的时间和成功率。

25. PMS 中 PM 编码在 ERP 系统中未查出对应数据

问题描述：指通过 PMS2.0 系统中相应设备台账参数中的 PM 编码到 ERP

系统中查找不到 PM 卡片数据。

问题产生原因：① PMS2.0 系统中设备台账资产单位选择错误为用户资产，造成相关数据推送至 ERP 系统后默认不生成资产卡片；② 因人为因素影响造成 PM 卡片关联到其他设备台账。

操作注意事项：① 在台账录入过程中，请注意资产单位相关字段，不要选择"子公司"及"用户"选项。已发布且相关字段选择为"子公司"及"用户"的台账，请报 PMS 重新推送；② 因人为因素影响造成此类问题的，由本单位财务部、运检部配合处理，将相关台账及 PM 卡片重新关联。

26. 功能位置不匹配

问题描述：针对主变压器、组合电器设备类型，指的是 ERP 系统 PM 卡片所属功能位置对应的变电站功能位置名称（PM 卡片所属功能位置编码的前 4 级编码）与 PMS 设备所属变电站名称不一致；针对输电线路设备类型，指的是 ERP 系统 PM 卡片所属功能位置名称与 PMS 设备名称不一致；包括 ERP 系统 PM 卡片所属功能位置在"调拨位置""公用功能位置"的一律归为此类问题数据。

问题产生原因：

（1）在 PMS2.0 系统台账建立过程中，因选错间隔或变电站，在后期修正过程中造成 PMS2.0 系统中的功能位置发生改变。

（2）在 PMS1.0 系统数据迁移过程中，部分设备功能位置编码变动或丢失，属于历史遗留问题。

操作注意事项：在 PMS2.0 系统台账建立过程中，请注意所属间隔及变电站字段的准确性，如确实出现问题选择将错误数据退役，新增正确台账的方式。如历史数据存在问题，请及时报问题平台请项目组配合解决。

27. ERP 中无 AM 编码

问题描述：指 PMS2.0 系统中有 AM 编码，但对应的 ERP 系统中 PM 卡片无 AM 编码。

问题产生原因：

（1）PMS2.0 系统新同步至 ERP 系统的设备会在第二天回传资产编码，但 ERP 系统设备的资产编码修改后，不会同步至 ERP 系统。

（2）财务人员在进行账卡物一致问题数据清理过程中，发现部分台账资产卡片关联错误，重新关联到了其他台账，造成对应 ERP 系统中 PM 模块对应 AM 编码确实。

（3）财务人员在进行账卡物一致问题数据清理过程中，将卡片写入删除标记。

操作注意事项：配合财务人员进行账卡物一致问题数据清理过程中，要求财务人员在完成卡片挂接关系变更、卡片删除后，挂接正确的卡片或生成新卡片。

28. 设备类型不匹配

问题描述：指 ERP 系统 PM 卡片技术对象类型与 PMS2.0 系统对应设备台账设备类型不一致。

问题产生原因：该类设备台账情况很少，主要原因：① PMS2.0 系统设备类型字段录入错误（如变电设备台账录入为配网设备），在修改后 ERP 系统无法同步更新，造成设备类型不一致；② 因各种原因在 ERP 系统内人为地修改了设备的类型。

操作注意事项：在进行台账录入时，注意设备类型字段填写的正确性，如在 PMS2.0 系统对设备类型字段进行修改后，在 ERP 系统内同步维护相关字段。

29. 电压等级不匹配

问题描述：指 ERP 系统 PM 卡片电压等级与 PMS2.0 系统对应设备台账电压等级字段不一致。

问题产生原因：存在该情况的数据很少，主要是因为设备资产账、卡、物一致性治理，为了设备电压等级与资产卡片上电压等级一致而修改了 ERP 设备台账信息上的电压等级。

操作注意事项：发现该类问题时，要求财务人员以 PMS2.0 系统数据为准，对 ERP 系统内的 PM 及资产卡片电压等级进行修改。

30. 设备说明不匹配

问题描述：指 ERP 系统 PM 卡片设备说明与 PMS2.0 系统对应设备台账设备名称字段不一致。

问题产生原因：PMS2.0 系统中部分设备台账资产编码相同（所属地市、设备类型均不相同），且该设备未能成功推送至 ERP 系统，在人为同步 PM 卡片过程中，未按地市筛选设备类别，相关设备关联错误。

操作注意事项：PMS2.0 系统台账手动推送至 ERP 系统后，在 ERP 系统 PM 模块内确认设备说明是否正确。

31. 设备主、子关系错误

问题描述：ERP 系统按照 PMS2.0 系统规则定义相关子设备，ERP 系统 PM 模块内的子设备高级设备字段中应关联上级主设备相关资产编码。因 PMS1.0 系统升级到 PMS2.0 系统时，相关字段推送到 ERP 系统内的规则不断发生变化，造成 ERP 系统 PM 模块存在各类冗余数据，在人工进行账卡物一致问题数据清理过程中，因人为因素影响，造成部分设备主、子关系错误。该问题需在 ERP 系统内进行相关字段维护。

32. 设备资产同步失败

问题描述：调用 ERP 服务未成功，如图 3–14 所示。

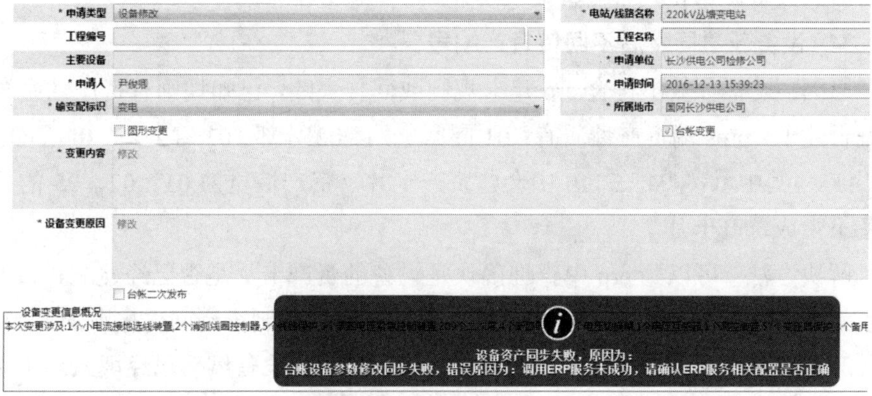

图 3–14　设备资产同步失败

原因 1：待同步设备在 ERP 中的状态不正确，如运行状态为空，系统状态为删除。解决办法：在 ERP 中查找待同步设备，确保系统状态为无删除标志，运行状态不为空值。

原因 2：ERP 接口不通。解决办法：测试 ERP 接口是否通畅：台账维护界面–设备信息，查找一个 PM 编码和资产编号都存在并且正确的设备，点击资产价值—弹出价值信息，如图 3–15 所示，表示接口通畅，反之则接口不通。

图 3–15　接口正常截图

33. 插入或更新 ods 失败

原因：设备参数格式和 ods 数据中心不匹配，超过 ods 字段的取值的最大范围。

解决办法：具体看报错日志，一般是设备的资产单位和资产性质字段未选对，请确保资产单位，资产性质选择正确。

34. 设备新建同步后不回传资产编号

原因：设备参数不符合 erp 建卡规则或回传失败，已知规则有资产性质会影响是否建卡，pms 端资产性质有：01 国家电网、02 分部、03 省公司、04 子公司、05 用户、其中 03、04 在 erp 中会建资产卡片，资产性质为 01、02、05 的只传设备不生成资产卡片。

解决办法：可以到 erp 中查询确认是设备的资产卡片是否已经建立，如未建立查询设备参数是否不符合建卡规则原因，如已建立则查询回传失败的原因。

35. ERP 系统和 PMS2.0 系统设备已经对应了，设备编码已经填入到了库存号中了，咨询报废设备如何操作

用户要报废设备：首先需要启动"设备变更申请"中的"设备退役"流程，待设备退役流程结束之后；其次在"电网资源中心—实物资产管理—设备资产退役管理—设备资产退役处置"查询该设备，进行技术鉴定界面"报废"即可。

36. PMS2.0 系统向 ERP 系统同步数据，提示：设备打包失败，原因为工程编号 20161107 正在由×××进行同步，用户无法进行同步操作

用户需要在实物资产管理—设备资产同步界面根据工程编号查询出设备后，点击解锁工程编号，解锁完成后即可正常同步。

37. 同步时报设备 16M×××的项目定义未形成资产清册

联系本单位建设部（项目管理中心、省经研院），盘点表重新导入，再重新确认设备盘点清册，需要在工程自动竣工决算管理平台（事务代码：ZFI16489）操作：需要先完成工程现场验收盘点，完成设备转资清册确认操作，然后才能同步成功。

38. 设备新增流程在台账审核时为什么会出现同步 ERP 系统的设备

设备台账审核界面如图 3-16 所示，在设备新增的同时，发生了对历史数据的修改，在点击发送按钮后，会有一批设备同步 ERP 系统。本次新增的设备不会在台账审核环节进同步 ERP 系统，只能在设备资产同步界面手动进行同步。

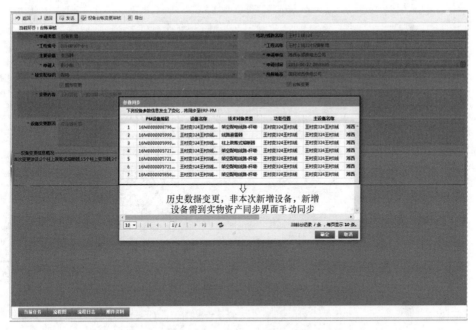

图3-16　设备台账审核界面

39. 设备资产同步打包

在设备台账同步到 ERP 系统的过程中需要对设备有一个打包的过程，打包主要是指对资产级设备（主设备）及重要组成设备进行打包，主设备如线路、主变压器、断路器等、重要组成设备如变压器、断路器的套管，套管 TA，单条线路的杆塔、柱上断路器、柱上负荷开关等，系统中已经对主设备和重要组成设备进行了设置。但是在需要注意的是设备打包时，变压器的数量为容量；线路、导线、地线、电缆段为长度，而重要组成设备中，套管 TA、单条线路的杆塔、柱上断路器、柱上负荷开关按照设备型号进行打包为个数。